"十三五"国家重点出版物出版规划项目

海 洋 生 态 文 明 建 设 丛 书

浙江省海洋生态环境
保护实践与发展规划

毋瑾超 主　编

任海波　刘红丹　王建庆　洪　钢 副主编

U0195106

海洋出版社

2020年·北京

图书在版编目(CIP)数据

浙江省海洋生态环境保护实践与发展规划 / 毋瑾超
主编. —北京:海洋出版社,2020.09

ISBN 978-7-5210-0475-5

Ⅰ.①浙… Ⅱ.①毋… Ⅲ.①海洋环境 – 生态环境保
护 – 研究 – 浙江 Ⅳ.①X321.255

中国版本图书馆 CIP 数据核字 (2019) 第 269660 号

责任编辑:苏　勤
责任印制:赵麟苏

海洋出版社 出版发行
http://www.oceanpress.com.cn
北京市海淀区大慧寺路 8 号　邮编:100081
北京朝阳印刷厂有限责任公司印刷　新华书店经销
2020 年 9 月第 1 版　2020 年 9 月北京第 1 次印刷
开本:889 mm × 1194 mm　1 / 16　印张:10.5
字数:325 千字　定价:166.00 元
发行部:010-62132549　邮购部:010-68038093　总编室:010-62114335
海洋版图书印、装错误可随时退换

前　言

海洋对人类社会生存和发展具有重要意义。海洋孕育了生命，联通了世界，促进了发展。我国高度重视海洋生态文明建设，持续加强海洋环境污染防治，保护海洋生物多样性，实现海洋资源有序开发利用，为全球海洋生态环境保护和海洋经济发展作出了积极贡献。

浙江是海洋大省，海洋资源优势得天独厚，海洋经济实力不断增强。近年来，在海洋生态环境保护方面牢固秉承创新、协调、绿色、开放、共享五大发展理念，按照国家一系列海洋生态环境保护政策及文件的要求，浙江以"八八战略"为引领开展了大量海洋生态环境保护管理及实践工作；相继发布了《浙江省海域海岛海岸带整治修复保护规划》《浙江省海洋生态环境保护"十三五"规划》《浙江省海洋主体功能区规划》《浙江省海岸线保护与利用规划》等文件；创建了象山县、玉环市、温州市洞头区、嵊泗县四个国家级海洋生态文明示范区及省内各沿海市、县、区海洋生态建设示范区，开展了"一打三整治"专项执法行动等海洋生态环境保护工作，探索出了一条适合浙江省海洋生态环境保护工作的特色之路，使得海洋资源利用更加高效，海洋开发保护空间格局得到优化，海洋生态环境质量稳中有升，海洋生态文明意识广泛普及，海洋综合管理水平明显提高。

近年来，本团队相继承担并完成《国家海洋生态文明示范区（嵊泗）建设规划》《浙江省海洋生态环境保护"十三五"规划》《浙江省海洋保护区建设与管理体系建设研究》《宁波市海洋功能区划修编》等项目研究工作。在对浙江省海洋生态环境保护工作的参与及研究过程中，作者对其理论创新和实践探索进行了认真分析、总结和思考，并将有关资料整理出版，客观展示浙江省海洋生态环境保护现状和发展成果，以冀为相关科研单位及管理工作者提供参考。

全书共分为3篇8章。第1篇为第1章至第3章，内容主要为浙江省海洋概况、海洋生态环境现状及海洋生态环境面临的机遇与挑战；第2篇为第4章至第6章，内容主要为浙江省开展"一打三整治"专项行动的进展及效果、海洋保护区建设及海洋生态文明示范区建设；第3篇为第7章和第8章，内容主要为海洋功能区划研究和浙江省海洋生态环境保护"十三五"规划及研究。

各章节的主要编纂者及分工如下：

第 1 章：王建庆，毋瑾超；

第 2 章：刘红丹；

第 3 章：任海波；

第 4 章：洪钢，毋瑾超；

第 5 章：任海波，王建庆；

第 6 章：毋瑾超，刘红丹；

第 7 章：毋瑾超，任海波；

第 8 章：毋瑾超，刘红丹，任海波。

全书由毋瑾超策划并统稿。

本书在编写过程中，得到了浙江省自然资源厅、生态环境厅，宁波市、象山县、嵊泗县及各市、县、区自然资源和规划局等单位领导的大力指导和帮助，在此致以诚挚谢意！

同时，本书的顺利完成也得到了自然资源部第二海洋研究所、宁波海洋研究院领导及相关部门的鼎力支持。同事杨和福、唐迎迎、杨竞争、任哲、高瑜、何丛颖、金信飞、林忠洲等在相关科研项目的开展过程中参与了部分工作，谨致谢忱！

编写组在近两年的编著过程中投入了大量精力，多方调查求证并几易其稿。但由于水平所限，不足之处在所难免，敬请广大读者批评指正！

编写组

2019 年 5 月 14 日

目　录

第 1 篇　浙江省海洋生态环境概况

第 2 篇　浙江省海洋生态环境保护实践

第 3 篇　浙江省海洋生态环境保护发展规划

第1篇
浙江省海洋生态环境概况

第1章 浙江省海洋概况

1.1 区域概况

1.1.1 地理位置与行政区划

浙江省地处中国长江三角洲南翼，东南沿海中部，陆域地理坐标介于27°02′—31°11′N和118°01′—123°10′E之间，东临东海，南接福建，西与江西、安徽相连，北与上海、江苏接壤。浙江海域地处东海中部，全省范围内的领海与内水面积为4.4万平方千米，连同可管辖的毗连区、专属经济区和大陆架，面积达26万平方千米。浙江全省海岸线总长约6 700千米，面积大于500平方米的海岛有2 878个。

浙江省下设杭州、宁波2个副省级城市以及温州、嘉兴、湖州、绍兴、金华、衢州、舟山、台州、丽水9个地级市，辖37个市辖区、19个县级市、33个县（其中一个自治县）。其中有7个沿海城市，分别为嘉兴、杭州、绍兴、舟山、宁波、台州和温州，其余为内陆城市。舟山市是以群岛设市的地级行政区划，下辖2区2县，其中舟山群岛新区也是我国第一个国家级群岛新区。全省包括舟山市所辖定海区、普陀区、岱山县、嵊泗县和温州市所辖洞头区在内的沿海县（市辖区）共31个（表1–1）。

表1–1 浙江省沿海市、县、区

序号	市	市、县、区
1	嘉兴	平湖市、海盐县、海宁市
2	杭州	萧山区
3	绍兴	柯桥区、上虞区
4	宁波	余姚市、慈溪市、镇海区、北仑区、鄞州区、奉化区、宁海县、象山县
5	台州	三门县、临海市、椒江区、路桥区、温岭市、玉环市
6	温州	乐清市、鹿城区、龙湾区、瑞安市、平阳县、苍南县、洞头区
7	舟山	定海区、普陀区、岱山县、嵊泗县
合计	7个	31个

1.1.2　海域概况

依据《浙江省海洋主体功能区规划》，按照全省海域资源环境承载能力等综合评价和全省海域在全国主体功能区规划中的定位，浙江省海域总共分为优化开发区域、限制开发区域、禁止开发区域 3 类，其中，优化开发区域面积 3.13 万平方千米，占 70.31%；限制开发区域面积 1.12 万平方千米，占 25.25%；禁止开发区域面积 0.20 万平方千米，占 4.44%。

1.1.2.1　优化开发区域

海洋优化开发区域是指现有开发强度较高、资源环境约束较强、产业结构亟须调整和优化的海域。

浙江省海域优化开发区域主要包括杭州市的萧山区，宁波市的北仑区、镇海区、象山县、余姚市、慈溪市，温州市的鹿城区、龙湾区、洞头区、瑞安市，嘉兴市的海盐县、海宁市、平湖市，绍兴市的柯桥区、上虞区，舟山市的定海区、普陀区、岱山县，台州市的椒江区、路桥区、玉环市、三门县、温岭市、临海市等毗邻海域，共 24 个县（市、区）。区域面积 3.13 万平方千米。

1.1.2.2　限制开发区域

海洋限制开发区域是指以提供海洋水产品为主要功能的海域，包括用于保护海洋渔业资源和海洋生态功能的海域。

浙江省海域限制开发区域主要包括宁波市的宁海县、鄞州区、奉化区，温州市的平阳县、苍南县、乐清市，舟山的嵊泗县等毗邻海域，共计 7 个县（市、区）。区域面积 1.12 万平方千米。

1.1.2.3　禁止开发区域

海洋禁止开发区域是指对维护生物多样性、保护典型海洋生态系统以及维护国家主权权益具有重要作用的海域，包括国家和省级海洋自然保护区等。该区域包括海洋自然保护区、海洋特别保护区、领海基点保护范围。海洋生态红线原则上按禁止开发区域的要求管理，根据海洋生态红线区类型进行分类基本管控和开发行为管控。

浙江省海域禁止开发区域包括韭山列岛国家级海洋生态自然保护区、南麂列岛国家级海洋自然保护区、五峙山省级海洋鸟类自然保护区；马鞍列岛国家级海洋特别保护区、中街山列岛国家级海洋特别保护区、渔山列岛国家级海洋生态特别保护区、西门岛国家级海洋特别保护区、大陈省级海洋生态特别保护区、披山省级海洋特别保护区、洞头南北爿山省级海洋特别保护区、温州洞头国家级海洋公园、铜盘岛省级海洋特别保护区、七星列岛省级海洋特别保护区；海礁、东南礁领海基点保护范围，两兄弟屿领海基点保护范围，渔山列岛领海基点保护范围，台州列岛（1）、台州列岛（2）领海基点保护范围，稻挑山领海基点保护范围等海域。区域面积 0.2 万平方千米。

1.1.3 海岛概况

1.1.3.1 浙江省海岛分布基本状况

根据第二次全国海域地名普查结果，结合近年来海岛开发利用情况，浙江省行政管辖海域范围内现共有海岛 4 350 个，主要分布区域位于27°05.9′—30°51.8′N，120°27.7′—123°09.4′E，分别隶属于嘉兴市、舟山市、宁波市、台州市和温州市的 27 个县（市、区）。海岛陆域总面积约 2 020.99 平方千米，岸线总长约 4 496 千米（表 1-2）。

表 1-2　浙江省沿海各市海岛数量、面积及岸线

市名	数量（个）	面积（平方千米）	岸线长度（千米）	备注
舟山市	2 076	1 309.364	2 388	
嘉兴市	31	0.653	16	
宁波市	611	264.712	717	
台州市	920.5	283.092	706	横仔岛为台州市、温州市分界岛，各计 0.5 个
温州市	711.5	163.169	669	横仔岛为台州市、温州市分界岛，各计 0.5 个
全省	4 350	2 020.99	4 496	

从海岛数量的分布情况来看，舟山市海岛数量最多，为 2 076 个，占浙江省海岛总数量的 47.72%；其次为台州市，海岛数量为 920.5 个，占浙江省海岛总数量的 21.16%；嘉兴市海岛数量最少仅 31 个，占浙江省海岛数量的 0.71%。

从海岛的分布特征来看，浙江省海岛主要具有以下明显特征：东西呈列，南北如链、面上成群。比较著名的群岛、列岛有 10 余个，如嵊泗列岛、韭山列岛、渔山列岛、东矶列岛、台州列岛、南麂列岛等；近岸海岛量多、面广、地势较高，远岸海岛量少、面小、地势低。浙江海岛体现出近岸浅水的特征。

1.1.3.2 浙江省海岛类型及基本状况

按照社会属性分类，海岛可以分为有居民海岛和无居民海岛。经统计，浙江省有居民海岛共计 222 个，无居民海岛共计 4 128 个，其中舟山市有居民海岛最多，共计 141 个，占浙江省有居民海岛的一半以上（表 1-3）。

表 1-3　浙江省海岛数量统计（按社会属性分类）

市名	有居民海岛（个）	无居民海岛（个）	合计
舟山市	141	1 935	2 076
嘉兴市	0	31	31
宁波市	19	592	611
台州市	27	893.5	920.5

市名	有居民海岛（个）	无居民海岛（个）	合计
温州市	35	676.5	711.5
全省	222	4 128	4 350

按照成因分类，浙江海岛类型单一，仅杭州湾南岸浅滩上的西三岛为一个堆积岛，其余海岛均为大陆地块延伸到海洋并露出海面的基岩岛。

1.1.4 海岸线概况

1.1.4.1 总体情况

浙江省海岸线资源丰富，海岸线总长 6 630 千米，居全国沿海省市之首。其中，大陆海岸线长度为 2 134 千米，海岛岸线长度为 4 496 千米。从浙江省各市海岸线分布情况来看，舟山市海岸线长度最长，占全省总长度的 36.02%，其余依次为宁波市 23.24%、台州市 21.60%、温州市 17.66%，以上四市共占 98.52%；嘉兴市海岸线分布较少，仅占全省的 1.48%（表 1–4）。

表 1–4 浙江省沿海各市海岸线分布情况

市名	岸线长度（千米）		
	总长	大陆岸线	海岛岸线
嘉兴市	98	82	16
舟山市	2 388		2 388
宁波市	1 541	824	717
台州市	1 432	726	706
温州市	1 171	502	669
合计	6 630	2 134	4 496

1.1.4.2 浙江省大陆海岸线

依据成因分类，海岸线主要分为人工岸线、河口岸线、自然岸线等类型。依据统计结果，浙江省大陆岸线总长 2 134 千米，其中人工岸线 1 339 千米，占 62.75%；自然岸线 771 千米，占 36.13%；河口岸线 24 千米，占 1.12%（表 1–5）。

按行政区划来看，宁波市大陆岸线长度最长，为 824 千米，占浙江省大陆岸线总长度的 38.61%；其次为台州市大陆岸线总长 726 千米，占全省比例为 34.02%；温州市大陆岸线总长 502 千米，占比 23.52%，列浙江省第三位；嘉兴市大陆岸线分布较少，长度仅为 82 千米，占全省比例为 3.84%（表 1–5）。

表1–5 浙江省大陆岸线类型与分布

单位：千米

市名	总长	河口岸线	自然岸线	人工岸线
嘉兴市	82	5	19	58

市名	总长	河口岸线	自然岸线	人工岸线
宁波市	824	11	248	565
舟山市	—	—	—	—
台州市	726	3	311	412
温州市	502	5	193	304
合计	2 134	24	771	1 339

1.1.4.3 浙江省海岛岸线

浙江省按海岛岸线类型来看，全省海岛岸线主要以自然岸线为主，总长 3 582 千米，占全省海岛岸线比例为 79.67%；人工岸线为 914 千米，占全省比例为 20.33%（表 1-6）。

按行政区划来看，舟山市海岛岸线最长，为 2 388 千米，占全省海岛岸线总长度的 53.11%；其次为宁波市，海岛岸线总长 717 千米，占全省海岛岸线总长度的 15.95%；嘉兴海岛岸线最少，仅有 16 千米（表 1-6）。

表 1-6　浙江省海岛岸线类型与分布

单位：千米

市名	总长	自然岸线	人工岸线
舟山市	2 388	1 764	624
嘉兴市	16	16	0
宁波市	717	564	153
台州市	706	662	44
温州市	669	576	93
合计	4 496	3 582	914

1.2 海洋环境

1.2.1 气候气象

浙江属亚热带季风气候，季风显著，四季分明。年气温适中，光照较多；雨量丰沛，空气湿润，雨热季节变化同步；气候资源配置多样，气象灾害繁多。1 月、7 月分别为全年气温最低和最高的月份，极端最高气温 44.1℃，极端最低气温 -17.4℃。浙江省年平均雨量为 980 ~ 2 000 毫米，5 月、6 月为集中降雨期。年平均日照时数 1 710 ~ 2 100 小时。各气象要素特征分述如下。

1.2.1.1 气温

浙江省年平均气温为 15.6 ~ 18.3℃，自北向南逐步递增，其中 17.0℃等温线横贯浙江中部，年平均气温最低在浙北的湖州、嘉兴地区，年平均气温最高在浙江中部和浙江南部地区。全省冬冷夏热，四季分明。

浙江省春季平均气温为 13.3 ~ 17.4℃，气温分布特点为由内陆地区向沿海及海岛地区递减；春季回暖最快的地区是西南山间盆地，回暖最慢的地区是沿海岛屿。

夏季平均气温为 24.7 ～ 28.0℃，东南沿海低，西部内陆高。东部沿海岛屿与南部山区平均气温在 26.0℃以下，浙北平原和东部沿海平原在 26.0 ～ 27.0℃之间，浙中盆地平均气温达到 27.0℃以上。

浙江省秋季平均气温为 16.7 ～ 20.5℃，东南沿海和中部地区气温偏高，西北山区气温偏低；浙北平原平均气温为 17.2 ～ 18.5℃，是全省降温最快的地区；南部地区平均气温达到 20.0℃以上，为全省秋季降温最慢的地区。

冬季平均气温为 3.3 ～ 9.1℃，气温分布特点为由南向北递减，由东向西递减；浙北平原平均气温为 4.5 ～ 6.1℃，为全省最低；浙中盆地大部分平均气温为 5.4 ～ 7.0℃；浙南山区、浙东沿海平原大部以及南部海岛等地平均气温在 9.0℃以上，为全省最高。

全省极端最高气温为 33.5 ～ 42.9℃，出现时段主要集中在夏季 7 月和 8 月两月，个别地区极端气温出现在 9 月。浙北平原极端最高气温为 38.4 ～ 40.5℃，浙中盆地为 39.5 ～ 41.3℃，浙江东部沿海地区为 36.6 ～ 40.2℃。沿海地区和海岛地区因受海洋气候调节，极端最高气温相对较低，在 39.0℃以下。内陆地区明显偏高，中部内陆盆地因地形闭塞，热量难以散发，极端最高气温都在 40.0℃以上。

全省极端最低气温为 –17.4 ～ –3.5℃，出现时间主要集中在 12 月至翌年 2 月。浙江东部沿海平原与岛屿地区极端最低气温不低于 –7.0℃；浙中盆地在 –11.3 ～ –7.5℃之间，浙北平原大部分地区在 –14.0 ～ –7.0℃之间。

1.2.1.2　降水

浙江省年平均降水量为 980 ～ 2 000 毫米，降水分布具有明显的季节分布特征：3 — 9 月降水量较多，10 月至翌年 2 月降水相对较少。其中，浙中、浙南沿岸降水量相对较多，可达 1 500 ～ 1 700 毫米；海岛地区和杭州湾北岸相对较少，仅有 900 ～ 1 200 毫米；沿海地区降水最丰富，是全省的高暴雨区，据北雁荡山庄屋站记载，24 小时最大降雨量曾达 617.4 毫米，系台风所致。

从降水量的时间分布来看，浙江省春季降水量仅次于夏季，春季平均降水量为 315.0 ～ 697.3 毫米，占全年降水量的 24.1% ～ 39.7%；夏季降水量最多，平均降水量为 380 ～ 789 毫米，占全年降水量的 31.2% ～ 45.4%；秋季降水量少于春季和夏季，平均降水量为 203.8 ～ 390.4 毫米，占全年降水量的 11.8% ～ 25.1%；冬季属于少雨季节，降水量最少，平均降水量为 154.5 ～ 254.3 毫米，占全年降水量的 9.6% ～ 14.8%。

1.2.1.3　风

浙江省累年平均风速为 2.6 米 / 秒。平均风速由近海—沿海—内陆递减，近海地区平均风速一般在 5.0 米 / 秒以上，沿海年平均风速为 3 ～ 5 米 / 秒，内陆地区平均风速一般在 3.0 米 / 秒以下。

浙江省属于亚热带季风气候，季风显著，四季分明。春季，锋面、气旋活动频繁，风速较大，风向多变，但是多偏东风；夏季，主要受副热带高压控制，盛行东南风和偏南风，风速一般较小，但是在 7 — 8 月台风影响期间风速高涨；秋季，冬季风逐渐取代夏季风，初秋，风向多变，仲秋之后盛行偏北风，风速比冬季小；冬季，风速较大，多北风。风向的年变化特点为偏南风与偏北风相互交替，偏北风主导时间长，偏南风主导时间较短。

1.2.2 海水

依据《海水水质标准》（GB 3097—1997），按照海域的不同使用功能和保护目标，海水水质分为四类：

第一类：适用于海洋渔业水域，海上自然保护区和珍稀濒危海洋生物保护区。

第二类：适用于水产养殖区、海水浴场、人体直接接触海水的海上运动或娱乐区以及与人类食用直接有关的工业用水区。

第三类：适用于一般工业用水区、滨海风景旅游区。

第四类：适用于海洋港口水域和海洋开发作业区。

据《2017年浙江省海洋环境公报》显示：2017年，全省近岸海域水质总体保持稳定，夏季、秋季海水水质状况优于春季、冬季，符合第一、二类海水水质标准的面积最高占比为28%，最低为11%；劣于第四类和符合第四类海水水质标准的面积最高占比为69%，最低为62%，总体与往年比例基本持平；其中劣四类海水主要分布在主要海湾、河口海域以及沿岸局部区域，海水中主要超标指标为无机氮和活性磷酸盐。

全省近岸海域水质富营养化状况依然明显，秋季海域富营养化程度最高。有77%左右的海域呈富营养化状态，春季、夏季海域富营养化程度较轻，但仍有67%左右的海域呈富营养化状态；全年最高有34%的海域呈重度富营养化状态。

1.3 海洋灾害

1.3.1 气象灾害

1.3.1.1 台风灾害

浙江省每年都会受到台风的影响，1949—2016年的67年间，在浙江登陆的台风有53个，平均每年0.79个，影响浙江的台风有322个，平均每年有4.8个。浙江的台风有四个特点：强度强，台风多，灾情重，路径、类型复杂。

从登陆台风的情况来看，8月为数量最多的月份，其次为7月，再次为9月（表1-7）。因此7—9月为台风登陆集中期。从影响浙江的台风来看，最多的也为8月，其次为7月和9月（表1-8）。

表1-7 登陆浙江的台风数量统计

单位：个

时间	5月	6月	7月	8月	9月	10月	总数
1949年	0	0	1	0	0	0	1
50年代	0	0	3	1	1	0	5
60年代	1	0	0	0	0	1	2
70年代	0	0	3	4	0	0	7
80年代	0	0	5	1	1	0	7
90年代	0	0	0	4	2	0	6
2000—2016年	0	0	4	7	11	3	25
总数	1	0	16	17	15	4	53

镇（乡、街道）、村四级全覆盖，推进全流域城乡"万里清水河道"工程，加大河湖水系连通及水生态保护与修复力度。开展"黑臭河"整治，清除河道内严重影响行洪安全、有碍景观、影响环境卫生的障碍物。

6）监管体系建设

从硬件和软件两个方面提升监测能力。一方面提升直排海污染源、入海河流与溪闸入海污染物在线监测系统，加快构建江海一体化全天候实时自动监测体系；另一方面培养环境监测技术人员，定期学习培训，不断提升监测水平。对流域内的污水处理厂加强监管，进行全指标摸底监测，集中整治，消除污水处理厂超标排放现象。加大环境行政处罚力度，建立健全严格高效的环境监管体系和执法网络，对环境违法行为实行"零容忍"。实行"行政、民事、刑事"三责并追，遏制环境违法行为高发现象。

2.2.2.4　乐清湾生态环境保护现状

1）工业污染整治

调整优化产业结构，使区域布局集聚化、企业生产清洁化、环保管理规范化、执法监管常态化。加强重污染高耗能污染行业整治，淘汰关停落后的能源利用率低、污染物排放量大的企业。按要求完善并实施各地《涉重行业污染整治方案》，完成电镀、制革、印染和造纸等所有涉重行业整治验收工作。乐清市完成电镀园区建设任务，玉环市加强已建电镀园区的监管。全流域造纸、电镀、羽绒、制革、制药等行业严格执行行业排放标准，其他行业根据总量控制要求进行治理。

2）生活污染整治

建制镇建成生活污水集中处理设施或纳入管网处理，实现污水处理设施全覆盖，提高污水处理率。已建的和新建的污水处理厂均配套建设脱氮除磷设施，加强运行管理，确保污水稳定达标排放、污泥安全规范处置。生活污水处理设施行政村覆盖率大幅度增加。

对简易垃圾填埋场开展无害化整治改造，提高生活垃圾收集率和无害化处理率。

3）农业面源污染整治

对畜禽养殖实行区域和总量双重控制。优化畜禽养殖布局，划定禁养区和限养区。加强畜禽养殖环境管理和污染治理，推进畜禽养殖排泄物资源化利用。实现养殖业"集聚化、标准化、规范化、生态化"。引导农民科学施肥，使用生物农药或高效、低毒、低残留农药，对农药包装废弃物回收处理，减轻农药污染。开展村庄环境综合整治，按期完成农村环境连片整治。

4）海洋污染整治

乐清湾通过开展水产养殖污染治理、船舶和港口污染控制来整治湾内海洋环境污染。提倡科学养殖模式，积极发展浅海贝藻养殖和鱼贝藻间养。严厉打击在滩涂养殖中使用违禁品。加强水产养殖尾水净化处理，集约化养殖场加快建设养殖尾水净化处理的设施设备，大力推广标准化、健康养殖和稻田养鱼，减少面源污染。规范船舶、港口、码头作业行为，乐清市、温岭市和玉环市对现有船舶、港口和码头污染情况进行调查统计，所有船舶按标准配备防污染设备，港口、码头配备与其装卸货物种类和吞吐能力相适应的污染监视设施和污染物接收设施，按规范配备防污染设备和器材并通过专项验收。

5）生态保护与修复

按照环境友好、永续利用的原则，乐清湾严格控制近岸捕捞强度，加强渔船作业场所管理；科学制定休渔期、禁渔期，合理划定禁渔区和保护区，控制捕捞强度，引导渔民由近海捕捞向远洋捕捞转变，推进海洋捕捞业转型升级，让乐清湾休养生息。全面实行"河长制"，完成清理河道行动开展"黑臭河"整治，加强截污纳管、生态清淤、河面保洁、堤防加固和生态修复工程。严厉打击违法围填海行为，对湿地资源和生物多样性加强保护。乐清市、温岭市和玉环市制订平原绿化、防护林基干林带建设五年计划，加强平原绿化和公益林、沿海防护林基干林带建设，完成"四边三化"任务，实现"水清、流畅、岸绿、景美"。

6）监管体系建设

严格执行"五个一律"，即"对超过纳管排放标准排入污水处理厂的企业，一律责令限期治理；对没有达标、直接排放的企业一律停产整治；对没有污水处理设施，也没有接入排污管网的企业，一律关停；对违法排污、严重超标排放的企业，一律按最高限额进行处罚；对构成犯罪的，一律由司法机关依法追究刑事责任。"加强集中式生活污水处理厂监管，对所有区域按照《城镇污水处理厂污染物排放标准》（GB 18918－2002），结合所接纳工业废水的特征，参照相关行业标准、污水综合排放标准，进行一次全指标摸底监测，集中整治，消除超标排放现象。同时加强近岸海域渔业捕捞执法监管，水产养殖污染防治执法监管和海洋生态环境监测与评价。

2.3 浙江省海洋生态环境总体状况

随着临港工业、港口运输、滩涂围垦、海洋旅游、海洋渔业等海洋经济产业持续快速发展以及人类城市化进程的不断加大，近岸海域也由于受到了来自陆源排污（包括河流径流输入等）、海上工程及交通运输、海水养殖等人类活动的干扰和影响，海域环境状况不容乐观，主要表现为：无机氮、活性磷酸盐超标，海水水质富营养化；环境承载压力大，局部海域海洋功能受损较严重；海洋生物多样性受到破坏，渔业资源日趋贫乏，米草入侵趋势明显，海洋生态风险加剧等。

2.3.1 海水富营养化状况依然明显

2015 年，浙江近岸大部分的海域呈富营养化状态。冬季海域富营养化程度最为显著，94% 以上的海域呈富营养化状态；春季、夏季海域富营养化状态相对较轻，但仍有 66% 和 77% 的海域呈富营养化状态。重度富营养化海域主要集中在杭州湾、椒江口、瓯江口、飞云江口、鳌江口等港湾、河口区域。与 2014 年相比，近岸海域富营养化状态基本持平。陆源污染是造成近岸海域水质富营养化的最主要原因。

浙北海域陆源污染物主要来自长江、钱塘江等外流域河流注入东海的污染物，约占总污染物的 70%；本海域沿岸生产生活污水中携带的污染物，陆地表面随雨水入海的面源污染物，企业、个人非法向海洋倾倒的垃圾等污染物占 30%；近岸海域入海排污超标严重，化学需氧量（COD_{Cr}）、氨氮、总磷均为主要超标污染物；海水养殖业的自身污染进一步加剧局部海域富营养化程度，部分港湾和养殖活动较为频繁的区域，如象山港、三门湾等海水养殖对该海域污染物入海总量相关指标（氮、磷）的贡献率较大。现以 2015 年为例阐述富营养化情况（表 2-2，图 2-2，图 2-3）。

表 2-2 2015 年各季节近岸海域富营养化海域面积

单位：平方千米

季节	轻度富营养化海域面积	中度富营养化海域面积	重度富营养化海域面积	合计
春季	11 950	8 810	8 365	29 125
夏季	11 900	13 470	8 690	34 060
秋季	13 245	13 016	11 605	37 866
冬季	14 235	16 213	11 287	41 735

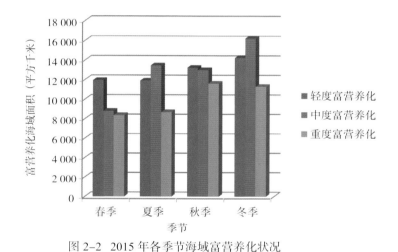

图 2-2 2015 年各季节海域富营养化状况

图 2-3 2015 年各季节富营养化海域空间分布

2.3.2 环境承载压力不断加大

1）主要入海河流污染物排放

浙江省每年对钱塘江、甬江、椒江、瓯江、飞云江、鳌江6条主要入海河流进行监测，主要污染因子包括化学需氧量（COD_{Cr}）、氨氮、活性磷酸盐、石油类、重金属及砷。2009—2015年每条河流的污染物排放情况见表2-3和图2-4。

表 2-3　2009—2015 年主要河流携带的污染物总量

单位：吨

入海河流	年份						
	2009 年	2010 年	2011 年	2012 年	2013 年	2014 年	2015 年
钱塘江	1 005 983	1 037 291	853 773	883 124	1 031 584	724 917	1 058 711
甬江	115 640	132 159	157 699	162 444	156 407	65 836	155 369
椒江	132 894	213 207	303 055	195 647	294 900	211 139	206 209
瓯江	455 945	340 550	683 282	542 578	393 368	784 164	801 592
飞云江	147 113	220 957	94 895	263 007	126 403	430 385	312 218
鳌江	103 848	29 001	45 579	47 974	111 399	38 217	31 519

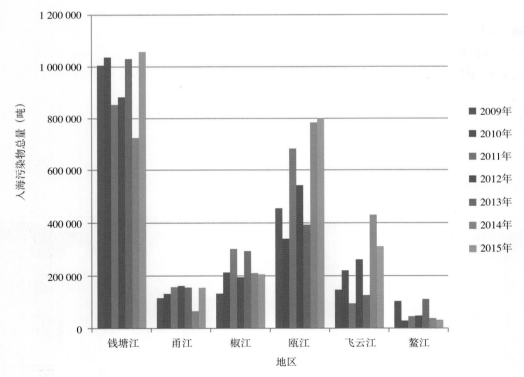

图 2-4　2009—2015 年主要河流入海污染物总量比较

由图表可知，除 2014 年之外，钱塘江每年的入海污染物总量均超过其他河流，且居高不下，鳌江入海污染物相对较少。

排污口附近海域的海洋生态环境质量等级均为差或极差，海域大型底栖生物种类贫乏而单一，局部海域生态环境脆弱，海域使用功能受损较为严重。

2）海洋倾倒

长期的海洋倾倒会对海洋环境造成影响。尤其是在缺乏科学的容量指导和倾倒节奏不科学的情况下倾倒，会导致倾倒区内地形变化，降低倾倒区的利用率，影响倾倒区海域功能的正常使用。

3）工程建设

近年来，由于经济建设的需要及浙江省土地资源匮乏的原因，用于城镇建设、港口建设、工业基地建设、临港工业园区建设的围填海造地需求旺盛。各项工程建设占用了宝贵的海岸线、滩涂资源。国务院提出了大陆自然岸线保有率要达到 35% 的要求，浙江省目前大陆自然岸线保有率面临较大压力。海洋工程的建设一方面导致海洋资源损失，海洋生物生境破坏，许多生物的"三场一通道"被挤占和破坏，对天然渔业资源状况造成长远的不利影响，物种濒危程度加剧；另一方面，导致海域海水波浪水动力条件、泥沙运移状况改变，进而对海岸淤蚀、海底地形、海湾纳潮量、水体的交换能力都造成影响，打破了海域自然冲淤平衡。

2.3.3　生物多样性遭到破坏

随着人类对海洋生物的过度开发和利用、填海造地以及污染物的排放，海洋生物多样性已经受到严重威胁。近年来，浙江省近海和滩涂的渔业资源逐渐衰退，一些经济鱼、虾、蟹、贝类生殖繁衍场所逐渐消失，很多海洋生物的数量和种类都在不断下降，近海大多数经济鱼类形不成鱼汛。水华、赤潮等现象时有发生，很多生物因缺氧而死，海洋生物多样性受到了严重威胁。

2.3.4　米草入侵日趋明显

浙江海域的象山港、三门湾、乐清湾海域等几个重要港湾，米草入侵趋势较为严重。

象山港大米草主要分布在西沪港，导致西沪港进港潮流流速减慢，流量和纳潮量减少，港内淤积严重，海床抬高。米草的迅速蔓延，将会改变西沪港的海洋生态结构，破坏海洋生态系统，并对海港通航构成威胁。

三门湾的双盘涂和蛇蟠涂滩涂长满大米草，将原有滩涂植物的生长空间占用，大量吸取滩涂资源的营养成分，导致潮间带生物如贝类、蟹类、藻类、鱼类等窒息死亡。

乐清湾内互花米草面积扩大迅速。一方面加速了西门岛滩涂的淤涨；另一方面对西门岛红树林等当地原生态系统构成了明显威胁。若不加快米草整治，一旦扩张，乐清湾区域将存在巨大的生态风险。

2.3.5 温排水威胁逐渐增强

浙江省滨海电厂较多，电厂的温排水对生物数量、生物多样性及生态群落结构都会造成影响，进而影响整个海域的生态系统。电厂取排水海域与其他邻近水域相比，浮游植物、浮游动物、底栖生物的种类数和生物量明显偏低，浮游生物和鱼卵仔鱼损失，栖息密度下降；同时优势种存在一定的演变概率，喜温性的中华盒形藻、高盒形藻等成为优势种，浮游动物物种群呈现小型化趋势。赤潮的发生也出现了新的特点，如时间提早至冬季、发生区域变化以及赤潮种类趋于单一化等。

第3章　浙江省海洋生态环境
面临的机遇与挑战

21 世纪是海洋的世纪，人类正在向辽阔的海洋推进和扩张生产和生活空间。经济全球化进程正在加速推进内陆经济向海洋经济转变，海洋经济是未来经济发展的新增长点，是解决人口增长、资源短缺、环境恶化三大难题的新领域。大力发展海洋经济，是 21 世纪国家和区域经济发展拓展空间的迫切需要，是后金融危机时代国家和区域提升竞争力的制胜之道，是加快经济发展方式转变的战略举措。海洋是沿海地区发展的新空间、新增长极，是沿海地区经济发展的优势所在、潜力所在和希望所在。

蓝色国土是浙江省的最大资源。改革开放 40 多年来，浙江省大力开发利用海洋，经济社会发展水平位居全国前列，沿海地区已集聚了全省 80% 以上的国内生产总值 (GDP) 和 75% 的人口，海洋经济已经成为浙江经济的重要增长极。据统计数据显示，2018 年，浙江全省海洋生产总值达到 7 965 亿元，较 2010 年翻了一番；2019 年海洋经济增加值增长 10%，其中宁波－舟山港吞吐量连续 11 年蝉联世界第一，达到 10 亿吨。据浙江《2020 年海洋强省建设重点工作任务清单》显示，2020 年全省将深入开展"十一大举措"113 项具体任务，力争全省海洋经济增加值增长 8% 以上。然而浙江省与全国沿海其他省份一样，在经济发展的同时，生态环境压力却不断加大，反过来对建设"两美""两富"浙江，实现浙江经济社会可持续发展形成了制约。

3.1　浙江省海洋生态环境面临的困难

3.1.1　陆源入海污染物总量居高不下

随着浙江区域经济迅速发展，城市化、工业化进程加快，区域内生产、生活活动产生的污染也随之增加，很大部分工、农业生产废水和生活污水及其污染物通过各种途径向海洋排放，带来大量氮、磷等营养物质以及一些有毒有害的重金属和持久难降解的有机污染物，直接影响着海洋环境质量、危害海洋生态系统。对海洋环境产生影响的陆源污染主要来自工业生产、农业种植、畜禽养殖、居民生活和污水处理厂尾水排放五类污染源。

浙江省沿海海域不仅要承载来自本省的陆源污染物，还要共同承载来自大陆腹地通过长江径流东流入海的大量工业和生活污染物，主要通过直排（沿海工业企业废水和污水处理厂尾水直排）和通过地表径流（主要为钱塘江、甬江、飞云江等七大水系）入海。据世界银行资助、国家环保局牵头的《杭州湾环境研究》项目，浙江省近海海域内88%的无机氮、94%的总磷来自长江。

《2017年浙江省海洋环境公报》显示，6条河流携带入海的主要污染物总量约为223万吨，分别为：化学需氧量（COD_{Cr}）169万吨，有机碳21万吨，总氮18万吨，氨氮1.8万吨，硝酸盐氮11.0万吨，亚硝酸氮3 517吨，总磷1.7万吨，石油类7 589吨，重金属（铜、铅、锌、镉、汞、铬）833吨，砷105吨；浙江省实施监测的入海排污口44个，排污口超标排放现象依然较重。超标污染物（指标）为总磷、COD_{Cr}、悬浮物、氨氮、粪大肠菌群。部分排污口还存在总氮、酸碱度、五日生化需氧量（BOD_5）和镉等超标现象。个别排污口检出多氯联苯和六六六；44个排污口全年排放入海的污水总量约为7.43亿吨，携带入海的主要污染物总量约为5.87万吨，分别为：COD_{Cr}2.77万吨，悬浮物0.82万吨，总氮1.04万吨（其中氨氮1 346.5吨），总磷322.8吨，油类63.8吨，重金属61.8吨，其他各类污染物1.2万吨。44个入海排污口中，11个对海洋环境有一定危害或潜在危害，27个对海洋环境造成的危害或潜在危害较小，6个对海洋环境基本未造成危害。

3.1.2 海洋开发压力不断加大

随着沿海经济社会的高速发展，海洋资源开发利用强度迅速加大，给浙江省的海洋生态环境带来较大压力。海域海岛海岸带开发活动，为城市化和工业化提供了大量后备土地资源，但开发利用过程也带来了生态退化、环境恶化、资源衰退等问题。

近年来，随着沿湾各类开发园区的建设和围海造地建设的不断加快，杭州湾、三门湾和乐清湾等主要港湾原生态滩涂湿地面积日益萎缩，加上众多入海排污口所带来的庞大而复杂的污染物，使水体长期处于严重富营养化状态，环境风险加大。港口建设、渔业生产等开发活动对海岛地形地貌和植被造成了不同程度的破坏，导致海岛基岩裸露，水土流失，海岛景观植被破坏，同时也在一定程度上影响了岛礁海洋生物资源。海岛过度开发造成的自然景观、原始地貌和地质遗迹改变，海岛植被和鸟类等生物多样性降低，开发利用后的生态风险日益凸显。

陆源排放压力仍居高不下，近海赤潮频发；近海海洋捕捞渔场缩减，酷渔滥捕使得渔业资源的增殖与恢复能力下降，捕捞对象由大型底层和近底层种类转变为小型中上层鱼类为主，渔获物逐渐低龄化、小型化、低质化，多数传统的优质鱼种资源大幅减少；同时，围填海等海岸工程开发活动，导致沿海滩涂、湿地面积减少，对海洋生态环境产生不同程度影响，鱼、虾、蟹和贝类等重要海洋经济生物的产卵场、索饵场和洄游通道等遭受破坏，致使海洋渔业资源日益衰退，出现了"东海无鱼"的现象。自2014年贯彻落实《中共浙江省委 浙江省人民政府关于修复振兴浙江渔场的若干意见》以来，深入推进渔场修复振兴暨"一打三整治"行动，取得了阶段性胜利，但渔业资源衰退势头尚未完全扭转。近年来一大批炼化、油气、核电项目相继在浙江省沿海（海岛）布局落地，同时浙江省海域大型船舶日通航量达到5 000艘次以上，繁忙的油品和危化品生产、运输作业，一旦发生溢油等事故将会对当地及近岸海域产生重大的生态环境危害。

3.1.3　综合治理体制机制有待完善

1）法规制度

现行涉海法规主要包括《中华人民共和国环境保护法》（2014 年）、《中华人民共和国海岛保护法》（2009 年）、《中华人民共和国海洋环境保护法》（2017 年）；《中华人民共和国海洋石油勘探开发环境保护管理条例》（1983 年）、《中华人民共和国海洋倾废管理条例》（2017 年）、《中华人民共和国防治陆源污染物污染损害海洋环境管理条例》（1990 年）、《中华人民共和国防治海岸工程建设项目污染损害海洋环境管理条例》（2017 年）和《防治船舶污染海洋环境管理条例》（2017 年）。

现行涉海法规绝大多数是单项的部门立法，海陆割裂、碎片化问题较突出，尚未形成一套主旨清晰、贯穿始终、完整协调的构架体系，较难准确反映海洋生态系统的客观规律。随着经济社会的发展，环境保护意识的提升，对开展海洋环境保护工作的认识不断深入。特别是党的十八大以来，党中央、国务院对推进生态文明建设提出了新的要求，并对部分法律法规进行了修订与完善。

2）规划标准

海陆联动、河海兼顾的机制尚不健全，海洋功能区划与土地利用、城乡建设等空间规划融合度不够，随意调整现象时有发生；标准体系滞后，海洋与陆域的环境质量和污染排放技术标准与评价体系存在差异，导致陆源污染整治成效难以在海洋环境整治中显现。

3）补偿机制

目前我国并没有海洋生态补偿的专门立法，涉及海洋生态补偿的法律规定分散在多部法律之中，《中华人民共和国海洋环境保护法》中对生态损害赔偿也未做明确规定，海洋生态补偿标准体系、海洋生态服务价值评估核算体系等建设滞后，缺乏统一、权威的指标体系和测算方法。近年来，浙江省在海洋生态补偿机制建设方面进行了一些探索和尝试。虽取得了一定的成绩，但总体来看，尚未有效统一海洋生态补偿机制的理论与其在海洋领域的实践，还未建立海洋生态补偿的长效机制，补偿机制单一、补偿标准局限性大、资金投入有限等问题依然存在。

4）管理和执法

环保、海洋、海事等部门间职能交叉、越位缺位、多头执法并存，近年来资源难以共享、管理监督不到位等现象虽有所改善，但信息封闭、力量分散、互不协调的局面仍旧存在。

3.1.4　基础支撑能力有待提高

目前，浙江省海洋管理中周期性、常态化的海洋综合调查机制有待固化，数据应用水平有待进一步提高。全面、实时、有效的海洋资源环境监测、预报、评估和信息服务体系尚未建立，技术支撑相对薄弱；科学规范的海洋环境质量评价指标体系有待建立，围填海项目适宜性、海洋生态补偿价值估算等方面的评价手段相对陈旧，成了精准管理和科学决策的掣肘。入海河口断面监测站点较少，监测要素不足，很难深入分析海陆指标内在联系和科学衡量陆源入海污染对海域的影响。

同时，在实际工作中，海洋生态环境监视监测在体制机制、技术措施等方面也存在一些问题，限制了海洋环境监测工作质量的提高。

3.1.5 海洋生态环保意识仍需加强

随着五大危机（能源枯竭、资源匮乏、环境污染、生态失衡和人口膨胀）的加深，人类把实现可持续发展的目光投向了海洋。但是，人类对海洋的简单征服、粗暴掠夺和过度开发，给作为生命之源的海洋带来了最为严峻的生态挑战。目前，仍有部分人对海洋认知不足，片面夸大海洋的作用，把海洋当作天然的污染消纳场，当作取之不竭的资源库，重开发轻保护的思想仍有一定的市场，忽视资源平衡和责任承担，导致当前海洋开发、保护、管理等方面还存在一些突出的问题。用海理念上，目前浙江省对海洋资源，包括生态资源、生物资源、岸线资源、滩涂资源等仍以利用为主，粗放型和掠夺性开发海洋现象时有存在，海洋生态环境保护的艰巨性和海洋环境的不可修复性仍被忽视。

3.2 浙江省海洋生态环境的发展机遇

建设海洋强国，是我党在全面建成小康社会决定性阶段作出的重大决定，是中国特色社会主义道路的重要组成部分，是一条以海富国、以海强国、人海和谐、合作发展的道路。真正的海洋强国必须是海洋权益、海洋经济、海洋文化、海洋科技、海洋环境以及海上力量等各方面能力均位于全球前列的，是能够实现以海强国、国海互兴、人海协调的海洋综合能力较强的国家。"提高海洋资源开发能力，发展海洋经济，保护海洋生态环境，坚决维护国家海洋权益，建设海洋强国。"优美的海洋生态环境是实现可持续发展的有力助推器，是建设海洋强国的必要保证。海洋环境保护有利于促进我国经济的增长，有利于保证人的生存和发展，有利于保障我国的国家安全，有利于推动海洋文化的建设。

习近平同志提出："生态兴则文明兴，生态衰则文明衰。"为了切实保护近海海洋环境，维持沿海和海岛海洋生态系统的良性循环，保障海洋资源的可持续利用，国家、浙江省从不同层面提出了不断加大海洋生态环境保护力度的要求，为浙江省海洋生态环境工作的开展提供了政策依据，指明了保护方向。

3.2.1 "十三五"发展规划纲要提供了海洋生态环境保护依据和方向

针对现存的沿海地区发展不平衡，海洋空间开发粗放低效，海洋资源约束趋紧，海洋生态环境恶化的趋势尚未得到根本扭转的局面，《中华人民共和国国民经济和社会发展第十三个五年规划纲要》（以下简称《"十三五"发展规划纲要》）对海洋生态环境保护提出了新要求。

《"十三五"发展规划纲要》要求：加强海洋资源环境保护。深入实施以海洋生态系统为基础的综合管理，推进海洋主体功能区建设，优化近岸海域空间布局，科学控制开发强度。严格控制围填海规模，加强海岸带保护与修复，自然岸线保有率不低于 35%。严格控制捕捞强度，实施休渔制度。加强海洋资源勘探与开发，深入开展极地大洋科学考察。实施陆源污染物达标排海和排污总量控制制度，建立海洋资源环境承载力预警机制。建立海洋生态红线制度，实施"南红北柳"湿地修复工程和"生态岛礁"工程，加强海洋珍稀物种保护。加强海洋气候变化研究，提高海洋灾害监测、风险评估和防灾减灾能力，加强海上救灾战略预置，提升海上突发环境事故应急能力。实施海洋督察制度，开展常态化海洋督察。

《"十三五"发展规划纲要》以保护海洋生态环境为抓手，完善海洋生态环境保护制度，逐步构建完备的海洋生态文明建设的制度体系；平衡海洋资源开发与生态环境保护，推进海洋生态文明建设。

3.2.2 《关于加快推进生态文明建设的意见》提出了海洋生态环境保护的新要求

生态文明建设是中国特色社会主义事业的重要内容，关系人民福祉，关乎民族未来，事关"两个一百年"奋斗目标和中华民族伟大复兴中国梦的实现。加快推进生态文明建设是加快转变经济发展方式、提高发展质量和效益的内在要求，是坚持以人为本、促进社会和谐的必然选择，是全面建成小康社会、实现中华民族伟大复兴中国梦的时代抉择，是积极应对气候变化、维护全球生态安全的重大举措。

中共中央、国务院于 2015 年 4 月 25 日印发了《关于加快推进生态文明建设的意见》（以下简称《意见》）。《意见》要求：到 2020 年，资源节约型和环境友好型社会建设取得重大进展，主体功能区布局基本形成，经济发展质量和效益显著提高，生态文明主流价值观在全社会得到推行，生态文明建设水平与全面建成小康社会目标相适应。《意见》共分 9 个部分 35 条，其中特别提出要加强海洋资源科学开发和生态环境保护。同时，《意见》还在发展绿色产业、加强资源节约、全面推进污染防治、严守资源环境生态红线等其他方面提出了与海洋相关的要求。

3.2.3 《水污染防治行动计划》明确了海洋生态环境保护的具体任务

水环境保护事关人民群众切身利益，事关全面建成小康社会，事关实现中华民族伟大复兴中国梦。

2015 年 4 月国务院印发了《水污染防治行动计划》（国发〔2015〕17 号）（以下称《水十条》）。《水十条》提出了 10 条 35 款，共 238 项具体措施。海洋环境保护是《水十条》的重要部分，《水十条》中海洋环境保护工作体现了陆海统筹污染防治、污染防治与生态保护并重的原则，强化了陆源污染控制，提出了总氮控制和船舶港口污染防控要求。针对海洋生态环境的主要问题，《水十条》将总氮、总磷等污染物，研究纳入污染物排放总量控制约束性指标体系，明确重点海湾禁止实施围填海。同时，从污染物来源、污染要素、治理方式等角度制定了近岸海域环境污染防治和生态保护等方面的任务。

3.2.4 《国家海洋局海洋生态文明建设实施方案》细化了海洋生态环境保护目标和任务

海洋生态文明建设是社会主义生态文明建设的重要组成部分。正确处理海洋生态环境保护与经济社会发展的关系，对促进海洋经济发展方式转变、提高海洋资源开发能力、建设海洋强国，推动我国沿海地区经济社会与人口、资源环境的协调发展具有重要的战略意义。针对目前海洋生态文明建设存在的近岸海域陆源污染程度较高等问题，国家海洋局于2015年6月提出了《国家海洋局海洋生态文明建设实施方案》（2015—2020年）（以下简称《实施方案》），这是对《水污染防治行动计划》和《关于加快推进生态文明建设的意见》两个生态文明建设领域重要文件的系统化、精细化落实，是我国首个有关海洋生态文明建设的专项总体方案，为我国"十三五"期间海洋生态文明建设提供了路线图和时间表。

《实施方案》实行基于生态系统的海洋综合管理，提出"以海洋生态环境保护和资源节约利用为主线，以海洋生态文明制度体系和能力建设为重点，以重大项目和工程为抓手，将海洋生态文明建设贯穿于海洋事业发展的全过程和各方面。到2020年，海洋生态文明制度体系基本完善，海洋管理保障能力显著提升，生态环境保护和资源节约利用取得重大进展。到2030年，基本实现'水清、岸绿、滩净、湾美、物丰'的海洋生态文明建设目标"。同时，从海洋生态文明制度体系、海洋生态环境质量、海域海岛资源利用、海洋空间开发保护格局和基础保障能力5个方面提出了具体目标。从源头严防、过程严管、后果严究、支撑保障4个方面共提出了10个方面31项任务，体现了海洋生态文明建设的全过程、全方位的综合管理要求。同时，为有效支撑主要任务的实施，坚持"内外兼修"，既抓能力建设内化于心，又抓治理示范外化于行，提出了4大类20项重大项目和工程。《实施方案》可有效推动海洋生态环境质量的逐步改善、海洋资源高效利用、开发保护空间合理布局、开发方式切实转变，为建设海洋强国、打造美丽海洋，全面建成小康社会、实现中华民族伟大复兴作出积极贡献。

3.2.5 浙江海洋经济发展示范区和舟山群岛新区的设立确立了海洋生态环境的战略地位

2011年2月，《浙江海洋经济发展示范区规划》（以下简称《示范区规划》）的批复标志着浙江海洋经济发展示范区建设正式上升为国家战略，成为国家海洋发展战略和区域协调发展战略的重要组成部分。《示范区规划》要求：海洋生态环境明显改善。海洋生态文明和清洁能源基地建设扎实推进，海洋生态环境、灾害监测监视与预警预报体系健全，陆源污染物入海排放得到有效控制，典型海洋和海岛生态系统获得有效保护与修复，基本建成陆海联动、跨区共保的生态环保管理体系，形成良性循环的海洋生态系统，防灾减灾能力有效提高。到2015年，清洁海域面积力争达到15%以上。《示范区规划》要求，科学利用海洋资源，加强陆海污染综合防治和海洋环境保护，推进海洋生态文明建设，切实提高海洋经济可持续发展能力。

2011年7月，浙江舟山群岛新区被国务院正式批准设立，成为继上海浦东、天津滨海和重庆两江后，党中央、国务院决定设立的又一个国家级新区，也是中国首个以海洋经济为主题的国家战略层面新区。2013年1月17日，《浙江舟山群岛新区发展规划》获批。这是党的十八大提出海洋强国战略以后，我国首个颁布的以海洋经济为主题的国家战略性区域规划，也是积极探索我国海洋经济科学发展新路径、深入实施国家区域发展总体战略的又一重大举措，标志着舟山群岛新区改革发展蓝图正式绘就，也标志着全国海洋经济发展试点工作进入新阶段。《浙江舟山群岛新区发展规划》要求加强陆海污染综合防治，科学开发海域资源，推进海洋生态保护与修复。

3.2.6 《浙江省国民经济和社会发展第十三个五年规划纲要》落实了海洋生态环境保护的实践内容

"十三五"时期是我国全面建成小康社会决胜阶段，作为沿海发达省份，浙江省"走在前列"将迎来新的历史考验，面临许多新趋势新机遇和新矛盾新挑战。根据党的十八届五中全会精神和习近平总书记 2015 年 5 月在浙江考察时的重要讲话精神，结合浙江省经济社会发展的实际，《浙江省国民经济和社会发展第十三个五年规划纲要》（以下简称《纲要》）提出了"十三五"时期的发展目标和基本要求。围绕高水平全面建成小康社会的目标，《纲要》提出了七个方面基本要求，特别指出要照着绿水青山就是金山银山的路子走下去。要持续加强生态文明建设，推进环境治理和生态保护，统筹推进生态保护，建立生态文明制度体系，加快建设资源节约型、环境友好型社会，加快建设美丽浙江。

海洋生态环境保护是"两美浙江"的重要内容。要求强化陆海统筹，推进近岸海域和重点海湾污染防治，加强直排海污染源、沿海工业园区和船舶港口污染监管，实施总氮、总磷总量控制。实施海洋生态保护区建设计划，加大海洋自然保护区、海洋特别保护区建设与管理力度，打造蓝色生态屏障。深入实施海上"一打三整治"专项行动，加快东海渔场修复振兴，建设"海上粮仓"，实现海洋环境资源可持续利用。

3.3 浙江省海洋生态环境面临的挑战

海洋生态文明建设面临着"双保任务"，既要保障发展，又要保护环境，也面临着"两难局面"，既要在粗放型发展的基础上转型实现绿色化发展，又要在生态环境恶化趋势下保护修复生态环境。

3.3.1 城镇化建设的压力

城镇化是人类生产和生活方式由乡村转向城市的历史过程，主要表现为农村人口向城镇人口的转化以及城市不断发展与完善的过程。近年来，浙江省城镇化快速发展，2000 年城镇化率为 48.67%，2010 年达 59%；2015 年末全省常住人口为 5 539 万人，城镇化率为 65.8%。

城镇化过程是一把"双刃剑"，城镇化的快速发展一方面带来了"金山银山"；另一方面也给自然环境带来了巨大的压力。人口聚集和城镇化水平的提高，特别是沿海地区人口增长和城市规模的扩张，导致了生活污染物排放量的剧增。同时，有数据测算结果表明，城镇化水平的提高将势必增加环境污染总量，主要体现在能耗方面和工业制成品方面：我国城镇化每增加 1 个百分点，平均需要多消耗能源 4 940 万吨标煤（折合后），平均需要多消耗钢材 645 万吨、水泥 2 190 万吨。从国际经验看，按照美国经济学家钱纳里的世界发展模型，一个国家的工业化率如果达到 30% 时，城镇化率可以到 60%；工业化率如果达到 40% 时，城镇化率一般在 75% 以上。目前浙江省工业化率已达到 40%，但城镇化率才 66%。这种城镇化与工业化水平的差距，表明浙江省城镇化的发展空间依然很大，势必要求通过滩涂围垦，缓解城镇化率对城市土地需求的矛盾。围填海活动势必会给海洋生态环境带来一系列不可忽视的负面影响：海岸带滩涂湿地面积减少、红树林和珊瑚礁等重要近岸海域生态系统退化、海洋环境承载力减弱、渔业资源衰竭、海港功能弱化、海岸自然景观受损、海岸防灾减灾能力降低等。

而根据《2017 年浙江省海洋环境公报》，全省近岸 34% 以上的海域呈重度富营养化状态。秋季海域富营养化程度最为显著，77% 的海域呈富营养化状态；春季、夏季海域富营养化状态相对较轻，但仍有 67% 的海域呈富营养化状态。重度富营养化海域主要集中在杭州湾、椒江口、瓯江口、飞云江口、鳌江口等港湾河口区域。环境污染负荷总量呈增大趋势，而海洋环境容量有限，近岸海域环境面临着更大的压力。

3.3.2　港口和临港工业发展的压力

浙江是海洋大省，海域辽阔，岛屿众多，海岸线绵长，深水港口资源丰富，建港条件优越。港口是浙江未来发展的重点之一，是海洋经济发展的龙头，是浙江省参与"一带一路"、长江经济带建设等国家战略的核心载体。

为统筹规划全省沿海港口的建设与发展，2016 年 4 月，浙江省人民政府办公厅印发了《浙江省海洋港口发展"十三五"规划》（以下简称《规划》）。《规划》要求：到 2020 年，浙江将初步建成全球一流现代化枢纽港。宁波－舟山港货物吞吐量力争达到 10 亿吨，集装箱航线达 250 条以上，集装箱吞吐量达 2 600 万标箱以上，国际中转集装箱达 350 万标箱以上，成为全球主要的集装箱干线港；江海联运、海河联运、海铁联运加快发展，集装箱水水中转率达到 25% 以上；公用码头岸电普及率达 60% 以上。初步建立全球一流大宗商品储运交易加工基地。大宗商品储运能力不断增强，新增石油储备能力达 1 000 万方以上，铁矿石堆场堆存能力达 1 700 万吨以上；创新完善国际结算、保税交割等机制，港口大宗货物交易额达 5 万亿元；加快建成铁矿石等货种亚太分销中心，铁矿石国际分销达到 500 万吨；跻身世界主要临港炼化基地，舟山绿色石化基地一期基本建成，宁波－舟山港临港石油炼化能力达到 4 000 万吨；建成长江经济带主要粮油集散贸易加工基地，粮油中转吞吐量达 2 000 万吨，粮油加工能力达 500 万吨。通过"四个一流"的打造，积极带动全省港口建设和海洋经济发展。到 2020 年，全省沿海港口新增万吨级以上泊位 51 个（其中 20 万吨级以上泊位 8 个），总量达 270 个；完成货物吞吐量 12.5 亿吨，集装箱吞吐量 2 900 万标箱，力争达到 3 000 万标箱。按照全省港口规划、建设、管理"一盘棋"，港航交通、物流、信息"一张网"，港口岸线、航道、锚地资源开发保护"一张图"的总体要求，积极推进形成以宁波－舟山港为主体、以浙东南沿海港口和浙北环杭州湾港口为两翼、联动发展义乌国际陆港及其他内河港口的"一体两翼多联"的港口发展格局，全面提升全省港口整体实力。

随着港口和临港工业的快速发展，工业污染源和海上污染源必然增多，特别是石化、造船、冶金等行业的污染物排放势必增加，海洋环境容量和自净能力将面临更大的挑战。另外，海岸线是港口生存的必需条件。浙江省虽有长达约 6 700 千米的海岸线，但目前超 40% 的海岸线已被开发利用，其中 2 200 千米大陆岸线的实际利用率已超过 60%。

3.3.3 海洋生态安全保护政策与制度的压力

随着海洋经济的发展，可能会对海洋环境尤其是海岸带环境的保护产生持续压力。因此，浙江省海洋生态环境保护政策、法律与海洋经济发展的有机对接将具有重大现实意义。

1）浙江省涉海立法和实施现状

浙江省海洋资源开发利用和海洋环境保护的法规主要包括《浙江省海域使用管理条例》、《浙江省海洋环境保护条例》（2015 修正）、《浙江省滩涂围垦管理条例》（2015 修正）、《浙江省渔业管理条例》（2014 修正）、《浙江省自然保护区管理办法》、《浙江省南麂列岛国家级海洋自然保护区管理条例》、《舟山市国家级海洋特别保护区管理条例》等。

浙江省现行涉海法规——《浙江省海域使用管理条例》，确立了浙江省海域资源开发利用和管理领域的基本法。该法规将有利于加强海域使用管理，维护国家海域所有权和海域使用权人合法权益，促进海域的合理开发和可持续利用，促进国家海洋经济战略的实施。除此之外，现行涉海法规很少能充分体现海洋经济发展这个时代主题，在海洋环境资源开发利用及管理方面不能很好地适应当前和未来经济社会的发展需要。

2）下一步浙江省现行涉海法规修订和完善工作

为了更好地对接、服务浙江省海洋经济发展，浙江省现行涉海法规亟须进行修订和完善。具体主要包括以下内容：构建完整的涉海法规体系、修订现行涉海法规、制定涉海新法规等。通过制度创新，充分有效地协调海洋经济发展与海洋生态安全保护。

第2篇
浙江省海洋生态环境保护实践

第4章 浙江省"一打三整治"进展及效果

4.1 浙江省"一打三整治"概述

"一打三整治"专项执法行动是浙江省修复振兴渔场，恢复海洋渔业资源的重要举措，旨在依法打击涉渔"三无"船舶（指用于渔业生产经营活动中无船名号、无船籍港、无船舶证书的船舶）和违反伏季休渔规定等违法生产经营行为，全面开展渔船"船证不符"（指船舶实际主尺度、主机功率等与相应证书记载内容不一致）整治、禁用渔具整治和污染海洋环境行为整治。

浙江省"一打三整治"专项执法行动首开国内先河，在打击违法渔船和海洋环境污染整治方面成效卓著，浙江渔场得到了修复振兴，渔业资源得到了有效恢复，起到了强而有力的引领示范作用。

4.1.1 "一打三整治"提出的背景

浙江是海洋渔业大省，海洋捕捞业是沿海近100万渔区群众、45万渔民赖以生存的支柱产业，其捕捞产能、产量居全国之首。特别是改革开放40多年来，海洋捕捞业呈快速发展态势，渔业生产水平大幅提高，渔船更新推进加快，海洋捕捞年产量从20世纪90年代初的100万吨迅速上升并维持在2000年以来的300万吨左右。

随着捕捞业的欣欣向荣，高强度捕捞对渔业资源产生了负面影响，渔业资源出现了日益衰竭的现象。据相关部门估测，浙江省渔场渔业资源年蕴藏量为400万吨左右，年最大持续可捕量约200万吨。然而，2010年以来，浙江省年平均捕捞量约308万吨，超出最大可捕量的54%，海洋渔业资源处于过度捕捞状态，单位渔获量（每千瓦功率年捕捞量）也从20世纪80年代末的1.3吨/千瓦下降到目前的0.7吨/千瓦。浙江渔场以盛产大黄鱼、小黄鱼、乌贼、带鱼"四大鱼产"闻名天下，可后来渔民只能以捕捞营养级水平更低的虾蟹、小杂鱼为主，每年要捕掉70万吨只能做饲料的小杂鱼和30万吨虾籽。为了不让"鱼仓闹鱼荒"，拯救行动迫在眉睫。

浙江省委、省政府对此高度重视,2014 年 5 月 28 日,浙江省委、省政府召开"一打三整治"专题会议进行部署。会议的召开,标志浙江渔场修复振兴计划全面启动了"一打三整治"专项执法行动。

4.1.2 "一打三整治"的战略意义

"一打三整治"作为浙江渔场修复振兴的专项执法行动,是近年来推进海洋管理工作的重中之重。迎难而上的"一打三整治"行动不但是一次决策层面的果敢尝试,更是推动资源保护与海洋捕捞步入可持续发展轨道的重要举措。无论是从经济效益还是从社会效益来看,均具有重要的战略意义。主要表现在以下几个方面。

(1)有利于渔业资源的合理有效利用。海洋渔业资源的超强度开发利用,使得渔业资源严重衰退,打破了海洋生态平衡。"一打三整治"专项执法行动通过打击涉渔"三无"船舶和整治"船证不符"渔船,制止了非法捕捞、无序捕捞,压缩了捕捞量,有效改善了渔业资源"寅吃卯粮"的现象,切实保证了渔业资源的合理有效利用。

(2)有利于延续海洋生物种群资源。据统计,2015 年浙江省国内捕捞总产量约 345 万吨,其中 100 多万吨是经济鱼类幼鱼和各类海产的幼体,给渔业资源造成了严重破坏。保护"娃娃鱼""子孙鱼"不仅事关东海鱼类种群的存续,也是渔场修复振兴"蓄势"的源动力所在。"一打三整治"专项执法行动通过依法打击违反伏季休渔规定等违法生产经营行为,开展违规违禁渔具专项整治,规定捕捞工具、捕捞方法等,加强了海洋渔业捕捞管理,从源头保护了海洋幼鱼资源,减少了对海洋渔业资源的破坏,为修复振兴"东海鱼仓"赢得了时间。

(3)有利于切实改善海洋生态环境。除了过度捕捞,环境污染也是渔业资源枯竭的元凶。"一打三整治"专项执法行动通过流域污染控制和直排海污染源控制,开展水产养殖污染防治,深化海洋船舶污染整治和海洋倾废监管等,有效遏制了海洋环境持续恶化势头,切实改善了海洋生态环境,促进了浙江渔场修复振兴。

(4)有利于加快转变海洋渔业发展方式,构筑新型渔业模式。通过"一打三整治"专项执法行动,可以顺势调整产业结构,将渔业发展粗放型向集约型转变,生态养殖与远洋渔业并举,从而构筑浙江省新型渔业的良性循环。

总而言之,"一打三整治"专项执法行动是实现浙江省海洋渔业可持续发展的一次战略行动,功在当代、利在千秋,走出了一条海上"绿水青山就是金山银山"的新路子。

4.1.3 "一打三整治"任务目标

重振东海"蓝色粮仓",破解海洋资源衰退问题已刻不容缓。为着力建设海上粮仓,找回东海"这条鱼",2014 年浙江省委十三届五次全会作出的"关于建设美丽浙江创造美好生活"的决定,将浙江渔场修复振兴作为近期重点突破的工作之一。"一打三整治"是浙江渔场修复振兴的重要手段,也是当前首要且最重要的任务。时任浙江省委书记夏宝龙曾明确指出,要把"一打三整治"作为浙江转型升级组合拳的重要一招,不获全胜绝不收兵。

为了有效压减海洋捕捞强度,保护海洋生态环境,修复振兴浙江渔场,从 2014 年开始,浙江省开展浙江渔场"一打三整治"专项执法行动,其主要任务目标如下。

（1）到2014年年底，按照严禁增量、消化存量的原则，对涉渔的"三无船舶"和违法违规渔船进行专项整治，依法打击一批、转化一批、规范一批；有效遏制非法捕捞、捕捞能力无序增长、渔业资源恶化态势等。同时积极做好前期工作和相关准备，为实施修复振兴计划奠定基础。

（2）到2015年，打击取缔涉渔"三无"船舶取得阶段性成果，"船证不符"捕捞渔船和渔运船整治工作基本完成；基本消除非法捕捞，研究推进国内海洋捕捞渔船转产、退出机制；建立保护制度和措施，浙江渔场资源基本恢复到20世纪90年代末的水平。

（3）到2016年，浙江省地表水三类以上水质比例达到69%，入海排污口基本实现监测全覆盖。沿海重点水产养殖区域养殖容量基本摸清，在浙江省近海和内陆水域增殖放流各类水生生物苗种23亿单位，在主要海水养殖品种中推广应用配合饲料面积333公顷。海洋环境执法监督相关工作制度及执法机制基本建立，海洋定期巡查和监视监察工作有效开展，海洋环境污染案件得到100%追溯。全面完成船长大于24米的国内海洋船舶防止垃圾污染设备配置工作。

（4）到2017年，全省涉渔"三无"船舶取缔任务全面完成，非法捕捞基本消除，伏季休渔制度得到有效落实；浙江省地表水三类以上水质比例达到70%，生活污水、养殖污水、工业污水等入海排放得到有效管控，入海排污口基本实现稳定达标排放。重点区域海水养殖网箱数量比2015年减少5%，主要海水养殖品种配合饲料推广应用面积1 333公顷，在浙江省近海和内陆水域增殖放流各类水生生物苗种23亿单位，海水养殖塘生态化改造面积4 000公顷。全面完成海洋船舶防油污设施配备工作。重大海洋环境案件发生率得到有效控制，建立"联合、联动、共享"等执法工作长效机制，"碧海"系列专项执法行动引向深入。浙江渔场渔业资源和海洋生态环境明显改善。

（5）到2020年，浙江省地表水三类以上水质比例达到78%，近岸海域水质保持稳定。入海河流消灭劣五类水质，陆源入海排污口实现稳定达标排放，省控重点入海污染源全部实现在线监测。沿海重点区域海水养殖网箱数量比2015年减少20%，海水养殖塘清洁生产全面推广，增殖放流水生生物苗种100亿单位，主要海水养殖品种的配合饲料应用面积3 333公顷以上。全面完成浙江省海洋船舶防止油类、垃圾污染和防污底系统等设施设备配置工作。落实海洋环境保护执法监管属地责任，执法领域基本实现全覆盖，执法能力大幅提高，海洋环境污染整治取得明显成效。

4.2 浙江省"一打三整治"主要举措及成效

4.2.1 "一打三整治"主要思路

为科学实施渔场修复振兴计划，抑止过度捕捞、拯救东海渔场，落实渔场修复振兴暨"一打三整治"专项行动各项任务，2014年，浙江省委、省政府专门成立了由省政府主要领导负责，省委组织部、省委宣传部、省信访局、省政法委、省农办、省经信委、省教育厅、省科技厅、省公安厅（边防局）、省海洋与渔业局、省财政厅、省人力社保厅、省环保厅、省商务厅、省地税局、省工商、省新闻出版广电局、省安监局、省旅游局、省法制办、省高院、省检察院、团省委、中国人民银行杭州中心支行、省金融办、省物价局、浙江海事局等部门和宁波、温州、舟山、台州沿海 4 市的市委负责人为成员的浙江渔场修复振兴暨"一打三整治"行动协调小组，明确提出"要以铁的决心、铁的行动、铁的纪律，实施铁腕治渔，建设'海上粮仓'"。

根据《中共浙江省委　浙江省人民政府关于修复振兴浙江渔场的若干意见》（浙委发〔2014〕19 号），"一打三整治"专项执法行动是修复振兴浙江渔场的三大重点行动（"一打三整治"专项执法行动、减船转产专项行动和"生态修复百亿放流"行动）之一。按照全面排查、重点监管、严厉打击、依法规范的思路，坚持政府主导、上下联动、部门联动、海陆联动，依法严厉打击涉渔"三无"船舶和违反伏季休渔规定等违法生产经营行为，全面开展"船证不符"捕捞渔船和渔运船整治、禁用渔具整治、污染海洋环境行为整治。

1）打击涉渔"三无"船舶和违反伏季休渔规定等违规生产经营行为

根据《关于加强渔船安全管理　促进渔业安全生产的意见》（浙政办发〔2012〕91 号），对 2012 年 9 月 30 日后新建的涉渔"三无"船舶，一律拆解。对浙江省现有船长 12 米及以上的涉渔"三无"船舶，凡查获在海上作业的此类船一律没收拆解，在港停泊的拆除其捕捞设施并没收渔具。现有船长 12 米以下的涉渔"三无"船舶整治到位。现有船长小于 12 米的涉渔"三无"船舶，对符合条件的（传统渔民拥有、作业方式对资源杀伤较小、安全适航等），一律转入乡镇监管；不符合的，依法查扣、限期整修或报废。打击非法捕捞活动。对捕捞生产中违反禁渔期、禁渔区以及禁用渔具渔法、渔具携带数量、最小网目尺寸规定的，一律依法严处。打击涉渔非法购销活动。对非法购销幼鱼以及向违禁作业渔船供油、供冰、供水、代冻的，一律依法严处。打击非法建造渔船（具）。对违法建造、更新、改装渔船，制售禁用渔具的，一律依法严处。

2）开展渔船"船证不符"整治

规范海洋捕捞渔船管理。根据浙江省人民政府办公厅《关于加强渔船安全管理　促进渔业安全生产的意见》（浙政办发〔2012〕91 号），对浙江省"船证不符"的海洋捕捞渔船进行全面整治，严厉查处擅自变更船舶主尺度、更换渔船主机扩大主机功率以及套用原船证书新建或购置渔船等违规行为。规范海洋渔船船名标志标识。按照《渔业船舶船名规定》（农业部令 2013 年第 5 号修订），统一浙江省海洋渔船命名、统一涂刷位置、统一船名标志格式，无船舶标志的船舶，限期整改到位。对浙江省纳入海洋渔船管理数据库的渔船，统一安装电子身份标识，纳入渔船检验部门年度检验。

3）开展禁用渔具整治

全面、彻底、干净取缔"一电四网"禁用渔具，即：电脉冲惊虾仪、多层囊网（含加装衬网）、地笼网（定置串联倒须笼）、滩涂串网（拦截插网陷阱）、珊瑚网（拖曳束网耙刺）；严厉整治帆张网（单锚张纲张网）、拖网、单船有囊围网等捕捞作业使用严重偏离农业农村部最小网目尺寸标准的网具（下简称"密眼囊网"）；基本实现禁用渔具及"密眼囊网""三个不见"，即：陆上（码头）不见、船上（港口）不见、海上（滩涂）不见。全面整治不按规定使用渔具的行为，全面整治使用除"密眼囊网"外的其他违反农业农村部最小网目尺寸标准的网具（以下简称"违规网具"）、"证业不符"作业以及携带、使用渔具数量、规格超标等行为。

4）开展海洋环境污染整治

严控沿海水产养殖污染。对沿海主要水产养殖区域进行养殖容量调查，控制近岸养殖规模，确定适宜的海水网箱投放数量；开展 2 万公顷集约化养殖（温室、大棚、高标准池塘等）排放尾水的洁化处理和循环利用，推广 6 667 公顷以鱼贝藻为主的生态养殖模式，从源头上减少水产养殖污染。严控陆源污染超标排放。加强陆源污染物排放监管，严格环境准入制度，重点加大入海排污口监测管控，强化排污口在线监控，逐步安装等比例自动采样器和在线监测装置；推进涉海数据信息共享，开展涉海部门联合执法，严厉打击违法排污行为，确保直排海污染源稳定达标排放。严控海洋船舶油类污染。按船舶法定检验规则和有关规范要求，加大油污排海执法检查力度。对小于 400 总吨位的船舶，要求设置油污水舱（柜）或配置滤油设备；对大于或等于 400 总吨位的船舶，一律要求配置滤油设备。

4.2.2 "一打三整治"在海洋生态环境保护中的战略措施

4.2.2.1 全面打击涉渔"三无"船舶

建立严防"三无"船舶的长效监管机制，分级落实责任，加强沿滩涂吞口、海渔村码头、养殖区域的摸底巡查、加强对偷捕红珊瑚等涉外渔事隐患的管控、加强对非法建改造渔船的渔船修造厂惩处追责，特别是加大对那些建造费用低、用时短、隐蔽性强、安全隐患大的钢架泡沫"三无"船的打击力度，做到露头就打。

同时，加强核查，特别是对转作涉渔非捕捞用途，如渔政协管、养殖配套、渔港保洁等的船舶，确保无捕捞设施、统一标识且与原船主脱离关系，明确行政监管主体和责任人，一船一册分类建档，经市协调办核准后方能入库。如有发现"假拆""拆假"现象，严肃追责，绝不姑息。

4.2.2.2 控制陆源入海污染物总量实施

坚持陆海统筹，深入实施"河长制"工作，加强流域污染控制和近岸海域污染防治，重点控制污染物入海量。加快推进污水处理设施提标改造、脱氮除磷与污泥无害化处置工作，切实提高陆域污染源各种形态氮、磷的处理率，控制区域总氮排放。稳步推进重污染行业整治，提升生产工艺和装备技术水平，实施清洁生产改造，完善治污设施，健全内部管理，降低主要工业污染物入海量。依托"五水共治"加强农业农村和河道污染治理，积极通过总量削减和生态修复等手段，控制和减少污染物入海量。

4.2.2.3 强化直排入海污染源的整治

制定入海排污口整治工作方案，调查核实入海污染源信息，摸清入海排污口底数，建库立档。进一步深化沿海地区特别是直排海企业的污染整治，开展入海排污口监测和巡查，对未达标排放的排污口进行整治，全面清理非法设置、由于周边环境变化不宜再设置和经整治仍不能实现达标排放的排污口。

加快推进沿海工业园区污水集中处理工程建设和提标改造，建立重金属、有机物等有毒有害污染物排放企业的管控制度，推动重污染行业工艺废水的分质处理，确保污染治理设施稳定运行，达标排放。引导园区外企业向园区内集聚，最大限度削减零星企业向海域排放污染物。

4.2.2.4 开展沿海水产养殖污染整治

对乐清湾、三门湾、象山港等重点养殖区域现有传统网箱数量进行摸底排查，开展科学制定养殖规划，研究养殖容量，明确区域布局、适宜的养殖方式、养殖规模，分步开展整治，逐步减少港湾及近岸传统小网箱数量。积极发展浅海贝藻类生态养殖，引导发展海水池塘循环水养殖和工厂化循环水养殖，适度发展离岸智能型深水网箱、大围网和拦网，加快推进海水养殖塘生态化改造，努力实现清洁化生产。

针对近岸传统小网箱、海淡水池塘等养殖方式，以大黄鱼、梭子蟹、青蟹等为主要品种，开展配合饲料替代冰冻小杂鱼行动。组建省级水产配合饲料研发与服务团队，开展配合饲料研究、示范推广、技术服务和宣传培训。采取政府适当补贴、强化联动执法等措施，支持培育一批核心示范养殖企业，积极引导使用和逐步提高配合饲料在水产养殖中的使用比例。

4.2.2.5 深化海洋船舶污染整治和海洋倾废监管

严格海洋工程建设项目环评和审批，加强动态执法监管，对海洋倾倒区特别是对重大疏浚项目进行跟踪监视，实现海洋倾废的海陆同步监督管理，严禁非法向海洋倾倒废弃物。严控海洋船舶污染，按照船舶法定检验规则和有关规范要求，全面开展浙江省海洋船舶防止油污染、防止垃圾污染、防污底系统等设施设备配置工作，加大执法检查力度，对破坏海洋生态环境的行为依法予以严惩，切实减少海洋船舶对海洋环境的影响。利用分区包干、督查考核等手段，建立重点港口、主要岸线水域常态化污染防治机制。探索开展海上油类污染保险。

4.2.2.6 加强海洋环境监测积累

对浙江境内的入海河流实施入海污染物排放浓度月度监测，依据入海排污口的类型、特点及排放量，对陆源入海排污口进行分类监测。对杭州湾、三门湾、乐清湾和象山港三湾一港实施逐月监测，重点分析其海水富营养化状况及变化趋势。开展潮间带调查监测，摸清沿海产业集聚区、海洋保护区等周边区域潮间带海洋生态环境状况。

深化近岸海域海洋环境趋势性监测，以属地负责为原则，增加监测点位和监测指标，逐步构建覆盖浙江全省、布局合理、指标完善的近岸海域监测网。加强监测数据积累、研究和应用，为真实反映海洋环境状况、针对性强化海洋环境保护提供依据。

4.2.3 "一打三整治"的成效分析

1）不断巩固深化 "三无"渔船取缔工作

浙江省协调办成立专项工作小组，按照"县自查、市核查、省抽查"原则，在浙江省范围内组织开展"回头看",对已拆解的10 000多艘"三无"渔船的各类资料信息逐艘比对、分析,对筛选出可疑船只的县重点进行抽查、督导和整改。截至2015年年底,已有11 473艘被拆解的"三无"渔船核准入库。

据统计,2014年沿海各地区共开展执法检查869次,平均每天约有30余艘执法船在海上巡查,共查获、查扣各类违法渔船299艘,其中涉渔"三无"船舶109艘、扣减油补9艘、外省籍渔船33艘。此外,移送司法机关22人,查封价值200余万元渔获物。

与2013年同期相比,查获的违法渔船总数和涉渔"三无"船舶数分别增加1.9倍和4.7倍。以台州市为例,12月3日,台州市正式启动全市范围内的"'一打三整治'综合执法推进月"活动。活动开展以来,台州市各相关部门紧密配合,共新增取缔涉渔"三无"船舶1 189艘,其中温岭取缔179艘,椒江取缔103艘,玉环取缔285艘,路桥取缔259艘,三门取缔282艘,临海取缔81艘,为提前全面完成总目标打下了坚实的基础。

2015年,累计查处各类违法案件1 557起,整治"船证不符"渔船5 152艘,清理海洋禁用及违规渔具近10万顶(张);核查出的12 947艘涉渔"三无"船舶已取缔12 122艘,完成总任务数的93.6%,沿海30个有取缔任务的市、县、区有24个市县全部完成任务。

通过持续地严打严控,极大地震慑了各类违法违规行为,偷采红珊瑚等涉外非法捕捞行为得到有效遏制,渔船安全生产事故明显减少,浙江渔场生产秩序大为好转。

2)积极推进"三项整治"工作

(1)整治"船证不符"渔船。浙江省要求各地综合施策,加快推进《关于"船证不符"渔船整治工作的有关意见》。2015年共完成5 306艘"船证不符"渔船的初步整治,其中"扩功"渔船3 019艘,"扩尺度"渔船167艘,"套牌"渔船2 120艘。同时,浙江省海洋与渔业局专门成立了"船审委",制定了渔船建造审批工作规程,从源头上严格把控造船审批关,杜绝产生新的"船证不符"渔船。申报建造渔船351艘,核准247艘,建成投产71艘,与往年相比,新建成投产渔船数量下降明显。

(2)整治禁用渔具。印发了禁用渔具和最低可捕规格两个通告,开展"一电四网"(即电脉冲、滩涂串网、珊瑚网、多层囊网、地笼网)禁用渔具取缔工作。舟山、台州、温州等地渔业、工商、市场监管等部门加强协作,联合开展"清网行动";宁波市建立了禁用渔具定期和不定期巡查机制,宁海县还创新建立"众包"清网模式,结合清理整治滩涂串网、地笼网。2015年共清缴违禁渔具8.5万余顶(张),累计超16.6万顶(张)。根据浙江省委〔2014〕19号文件精神,结合2015年11月19日和2016年1月12日沿海各市县(市、区)海洋与渔业局局长座谈会的意见,制定了《浙江省渔场渔具专项整治工作意见》。

(3)整治海洋环境污染。组织开展排污口和入海江河等入海污染源核查,摸排了336个入海排污口和520个入海河流相关信息,在全国率先建立了海洋环境季度监测通报和重点目标,包括沿海重点港湾、48个入海排污口、6条入海江河的月度监测通报制度。执法监管成效显著。推进水产养殖污染整治,开展海洋生态修复,增殖放流各类水生生物苗种27.4亿尾(粒)。同时,制定了《浙江省海洋环境污染专项整治工作方案》。

3）高压严管推进区域联动

各地围绕"三无"渔船、伏季休渔偷捕、"绝户网"、偷采红珊瑚等重点违法现象，大力开展"清港""清网""清市""清海""猎狐"等综合执法。海上打、港口堵、市场查，全面挤压违法活动空间。特别是 2015 年伏季休渔期间，各地海洋与渔业、工商、边防、海警等部门协同联动，加强海陆巡查，共查获违法违规渔船 383 艘，没收违禁渔获物 5.4 万余千克，对 101 艘违法、违规渔船扣减油补资金约 980 万元，取得了明显成效。

2015 年 4 月，农业农村部等国家部委在宁波象山召开了全国清理整治"绝户网"和涉渔"三无"船舶工作现场会，推广浙江省经验，强化全国联动。浙江省还与相邻三省一市签订了协同执法备忘录，推动形成全海区高压严管态势。共查处各类违法案件 3 186 起，移送司法机关追究刑事责任 17 人，有效地震慑了相关违法违规活动，使得长期以来国内海洋捕捞"无序、无度"的乱象有了明显改观。

4）明确分工，工作效率提高

各级政府切实承担起属地管理责任，全面负责所辖区域的海洋环境污染整治工作，积极开展江河入海污染物总量控制和入海排污口整治、海洋环境监测、海洋船舶污染防治和海洋倾废监管、沿海水产养殖污染整治等工作。协调建立陆海联动、区域联动等机制，组织开展海洋环境联合执法，加大打击力度，保护海洋环境和海洋开发秩序。

各级海洋与渔业、环保、海事等部门根据各部门职能，分别牵头组织开展陆源入海污染防治、海洋环境监测、水产养殖污染与渔业船舶污染防治、海洋交通船舶污染防治等工作，并制定相关方案，深化信息互通和资源共享，加强标准对接和工作协调，协同推进海洋环境污染整治工作。

5）加快政策制度供给

针对"一打三整治"专项行动推进中各地反映的问题，浙江省加强政策研究，陆续出台了关于建造小型海洋捕捞渔船帮助解决困难渔民就业、建立"一打三整治"工作陆海联动执法机制、"一打三整治"工作责任倒查、非拆解方式取缔涉渔"三无"船舶核准等 11 个政策文件，指导各地工作推进。

6）探索推进转产转业

各地积极探索渔民养老保障和转产转业工作，取得了一些成功的经验，如：台州市开展大陈岛转产转业试点，除给予生计渔民三年生活困难补助外，市、区两级财政共筹措 300 万元资金用于转产转业项目补助；临海在田岙、雀儿岙、白沙等传统渔村组织渔民养殖紫菜，取得较好收益；温岭、玉环等地出台鼓励渔民参保的补助政策。温州洞头、苍南等地积极引导传统渔村发展民宿、海钓等产业，探索村民广泛参与的整体转产新模式。舟山市引导国内捕捞业转向过洋性远洋渔业，积极谋求与东帝汶、莫桑比克、安哥拉等葡语系国家及中西太平洋基里巴斯、汤加等国开展过洋性渔业项目合作。

这些探索为拓展渔民转产转业渠道、建立渔场修复长效机制、改善弃捕渔民生活提供了十分宝贵的经验。

4.3 浙江省"一打三整治"在海洋生态环境保护中存在的难点及建议

4.3.1 "一打三整治"在海洋生态环境保护中存在的难点

虽然浙江各级党委、政府高度重视"一打三整治"专项执法行动，公众也能够对恢复海洋生态环境、修复振兴浙江渔场达成共识，并且在工作中也取得了不错的成绩，但"一打三整治"专项行动在海洋生态环境保护中依然存在着不同程度的问题和困难，浙江渔场修复振兴任重道远。随着各项工作的深入展开，有一些深层次、结构性的矛盾依然存在，归纳起来主要有以下几个方面。

1）涉渔"三无"船舶反弹回潮隐患仍未完全消除

违规违法行为趋于小、散、偏，部分"漏网之鱼"和养殖船、休闲渔船也伺机从事偷捕，打击力度稍有懈怠就可能出现趋势性反弹回潮。

2）违规渔具涉及范围广，完全消除尚需时间

渔民使用违规渔具的情况时有发生，网具携带数量、网目尺寸等仍然存在超标现象；不少合法渔船时常用违规网具捕捞低值小鱼、幼鱼、虾籽。捕捞、销售、加工的黑色产业链完全清除尚需时日。

3）海洋环境治理管理水平和能力有待提高

面对目前浙江省海洋捕捞业存在的问题，尽管采取了许多措施，但由于管理力量相对薄弱、技术装备较为落后，面临的困难较多，渔业资源管护与渔区社会稳定、渔民持续增收之间存在的矛盾依然存在。海洋生态环境持续恶化将直接影响浙江省海洋生态保护和海洋经济发展，渔业资源一旦陷入不可逆的衰退态势，必将祸及子孙后代。

4）渔民就业增收问题依然突出

沿海渔民以海洋资源为主要生活来源，渔民转产后就业增收问题依然严峻，基层执法部门和工作人员直接面对渔民，扣押、罚没、拆解渔船，使部分渔民的利益受到影响，处置不当便容易导致群体性事件且违法行为容易死灰复燃。

5）海上污染影响形势依然严峻

陆源排放压力依然严峻，每年浙江省 6 条主要河流向沿海输入化学需氧量（COD_{Cr}）约 200 万吨，石油类污染物 0.3 万吨。近海赤潮依然多发，再加上日趋增加的滩涂围垦、海底管线以及繁忙的海上交通等对重要经济鱼类的产卵场、索饵场和洄游通道造成重要影响。

6）执法效率有待进一步提高

依法行政原则要求行政执法行为必须有法律规范依据，依法而为。由于管理体制导致的目标价值取向不同，执法效率有待进一步提高。

7）协同执法机制尚需进一步完善

"一打三整治"是整体性的专项执法行动，需要多个行政管理部门联合行政，才能取得良好的效果。但由于行政执法部门归属和权限不一，海上与岸上执法衔接问题尤为重要。海洋执法部门区域在海面上，而违禁渔获物一旦漏查上岸，就需要市场监管部门和商务部门进行执法，如果配合衔接不力，就很难打击伏季休渔期的违法捕捞行为。根据《中华人民共和国海洋环境保护法》的规定，海洋环境执法需要渔业部门、环保部门、海监部门、海事部门联合执法，但如果各部门固守自己的管辖领域和职责范围，则可能会形成真空地带。

4.3.2 在海洋生态环境保护中对"一打三整治"的建议

1）加强组织领导

各级政府和相关部门需要加强组织领导，加大政策支持和工作力度，从转型升级重要手段和修复振兴浙江渔场、建设海洋生态文明的高度，充分认识海洋环境污染整治的重要意义。

依托浙江渔场修复振兴暨"一打三整治"行动协调小组等机构，加强组织协调、监督指导等工作。沿海各市、县、区也要成立相应的组织，明确职责，统一认识，加强协调，合力推进，确保目标到市县，任务到乡镇，落地到村，把相关工作任务和责任落到实处。把海洋环境污染整治任务列入对各级政府和相关部门的年度工作目标考核，不定期开展督导检查。对工作不力的地方和部门采取约谈、公开曝光、通报等措施。

各地要对专项行动实施方案进行风险评估，对可能出现的群体事件进行研判，制定应对预案，做好应急处置，确保行动的有序平稳推进和社会的和谐稳定。

2）加强法规保障

切实按照依法行政的要求，有效规范各项工作。浙江省领导小组办公室要明确相关标准，梳理完善相关法律法规，制定违法行为认定和分类处理办法的指导意见与政策措施。各地要规范处理违法行为的行政裁量权，细化分类处理的办法和程序，制定"一打三整治"行动方案，并报浙江省领导小组办公室备案。各级行政、司法、法制部门要加强协调沟通，为行动实施提供法律保障。

3）完善政策支撑

积极争取完善国家油补政策调整试点，统筹保护海洋资源、保障民生、产业发展、社会稳定等要求，研究制定政府赎买、转产补贴、油价补助、产业扶持等促进"减船转产"的政策，分类实施。

各级财政要加大投入，整合专项资金，保障专项执法、减船转产、增殖放流等经费。对存在违法违规行为的，根据相关法规将其纳入人民银行征信系统，给予严惩。创新和完善金融、税费等政策，对遵规守法企业、船东和渔民，建立红名单，给予重点支持。要通过政策性保险、政策性担保、财政贴息、税费优惠等措施，加大对渔民转产、转业、就业的扶持力度，进一步完善渔民社会保障政策。

调整完善渔业资源费征收政策，专项用于渔业资源养护。积极支持企业、公众、社会组织通过爱心认捐等形式，开展"小鱼治水""小鱼放生""小鱼归海"等一系列公益活动，建立义务放流、慈善放流、政府放流等相结合的水生生物养护投入机制。

4）加强舆论引导

认真研究制定有针对性的宣传方案，充分发挥电视、网络、报纸、广播等媒体作用，加大新闻宣传与舆论监督力度。沿海市、县、区要广泛开展"东海无鱼"带来的危害性以及修复振兴计划具有重大意义的宣传教育，提高企业和个人保护海洋环境的自觉性。将宣传工作落实到渔村渔船，做到家喻户晓，人人皆知，使广大渔民群众真正明白这项行动是党和政府维护和保障人民群众根本利益的惠民利民之举。

要及时报道各项行动情况，树立先进典型，在全社会形成爱护海洋、保护海洋环境的浓厚气氛，营造良好舆论氛围，促进修复振兴行动各项工作有力有序地推进。

5）建立长效机制

坚持陆海统筹、区域联动、防治结合、密切配合，完善协调机制，形成监管合力。要充分发挥规划的引领作用，科学规划海域、海岛、海岸带等空间资源，实施严格的围填海总量控制制度和自然岸线控制制度，调整产业结构，努力做到在开发利用海洋资源的同时，污染不增长、环境不退化，使经济建设项目与环境承载能力相适应。

要进一步加强近岸海域污染防治规划与"五水共治"工作方案等的协调衔接，推动区域流域污染协同整治。加强海洋资源和生态环境开发的后评价，推动建立海洋生态环境保护修复机制。

第5章 浙江省海洋保护区建设

5.1 浙江省海洋保护区建设现状

5.1.1 海洋保护区概念及分类

5.1.1.1 海洋保护区概念

海洋保护区的建立是为了维护海洋基本的生态学过程、保护海洋生物多样性、确保海洋生态系统和海洋生物资源的可持续利用、保护人类历史文化遗产等。由于海洋保护区的理念主要来自陆地自然保护区，导致了其目的和意义也类似于陆地自然保护区。目前有关海洋保护区的定义尚未统一，存在多种表述方式。但目前最为国际社会普遍接受的是国际自然保护联盟 IUCN 于 1994 年对海洋保护区（Marine Protected Areas）做出的定义，即"任何通过法律程序或其他有效方式建立的，对其中部分或全部环境进行封闭保护的潮间带或潮下带陆架区域，包括其上覆水体及相关的动植物群落、历史及文化属性。"从我国实际来看，目前海洋管理部门和大多数学者认可的海洋保护区定义为"以海洋自然环境和自然资源保护为目的，依法把包括保护对象在内的一定面积的海岸、河口、岛屿、湿地或海域划分出来，进行特殊保护和管理的区域。"

保护区的建立是人类为了面对自身活动引起的环境恶化而自觉采取的一种保护性措施。海洋保护区是保护区概念的延伸。作为一种有效的保护途径和管理手段，建设海洋保护区可以有效防止过度利用海洋，保护生物多样性；可以养护渔业资源，为保护种质资源提供基地；可以保护特殊、有价值的自然人文地理环境，提供海洋科学研究的基地；可以借助优美的自然风光、丰富的海洋生物和原生态的海洋景观进行海洋科普教育活动，成为海洋教育的平台。

5.1.1.2 海洋保护区分类

国际社会还没有单独统一规范海洋保护区的类型，目前海洋保护区有不同的分类标准。1978 年国际自然保护联盟发布的《保护区分类、目标和标准》是国际上通用的分类标准，其将海洋保护区分为以下 6 个类别。

Ⅰ．严格保护

    a．严格意义的保护区 (Strict Nature Reserve)；

    b．荒野区 (Wilderness Area)；

Ⅱ．用于生态系统保护和娱乐的国家公园 (National Park)；

Ⅲ．用于自然特征保护的自然纪念地 (Natural Monument)；

Ⅳ．通过有效管理加以保护的生境或物种管理区 (Habitat/Species Management Area)；

Ⅴ．用于保护和娱乐的陆地或海洋景观保护区 (Protected Landscape/Seascape)；

Ⅵ．用于自然生态系统的可持续利用的资源管理保护区 (Managed Resource Protected Area)。

5.1.1.3　我国海洋保护区类型

我国海洋保护区分为两大类型，即海洋自然保护区和海洋特别保护区。

1）海洋自然保护区

根据《海洋自然保护区管理办法》（1995 年 5 月 11 日经国家科委批准，5 月 29 日农业农村部发布），海洋自然保护区是指以海洋自然环境和资源保护为目的，依法把包括保护对象在内的一定面积的海岸、河口、岛屿、湿地或海域划分出来，进行特殊保护和管理的区域。《海洋自然保护区管理办法》认为典型海洋生态系统所在区域，高度丰富的海洋生物多样性区域或珍稀、濒危海洋生物物种集中分布区域，具有重大科学文化价值的海洋自然遗迹所在区域，具有特殊保护价值的海域、海岸、岛屿、湿地及其他需要加以保护的区域均应当建立海洋自然保护区。

《海洋自然保护区类型与级别划分原则》(GB/T 17504－1998) 中将海洋自然保护区分为 3 个类别 16 个类型（表 5-1）。

表 5-1　我国海洋自然保护区类型划分

类别	类型
海洋和海岸自然生态系统	河口生态系统
	潮间带生态系统
	盐沼（咸水、半咸水）生态系统
	红树林生态系统
	海湾生态系统
	海草床生态系统
	珊瑚礁生态系统
	上升流生态系统
	大陆架生态系统
	岛屿生态系统
海洋生物物种	海洋珍稀、濒危生物物种
	海洋经济生物物种

续表 5-1

类别	类型
海洋自然遗迹和非生物资源	海洋地质遗迹
	海洋古生物遗迹
	海洋自然景观
	海洋非生物资源

2）海洋特别保护区

根据《海洋特别保护区管理办法》（国海发〔2010〕21 号），海洋特别保护区是指具有特殊地理条件、生态系统、生物与非生物资源及海洋开发利用特殊要求，需要采取有效的保护措施和科学的开发方式进行特殊管理的区域。海洋特别保护区是我国近几年发展起来的海洋生态保护的创新形式，侧重于在对珊瑚礁、红树林、滨海湿地等典型重要海洋生态系统、珍稀濒危海洋生物物种及珍贵海洋景观保护的前提下，允许根据其生态功能特点、状况等进行适度利用，强调保护与利用的和谐统一。

海洋特别保护区分为特殊地理条件保护区、海洋生态保护区、海洋资源保护区及海洋公园 4 个类别。海洋特别保护区分为国家级和地方级两个级别。国家级和地方级海洋特别保护区的分类分级标准见表 5-2。

表 5-2　海洋特别保护区分类分级标准

| 海洋特别保护区类别 | 海洋特别保护区级别 | |
	国家级	地方级
特殊地理条件保护区（Ⅰ）	对我国领海、内水、专属经济区的确定具有独特作用的海岛；具有重要战略和海洋权益价值的区域	易灭失的海岛；维持海洋水文动力条件稳定的特殊区域
海洋生态保护区（Ⅱ）	珍稀濒危物种分布区；珊瑚礁、红树林、海草床、滨海湿地等典型生态系统集中分布区	海洋生物多样性丰富的区域；海洋生态敏感区或脆弱区
海洋资源保护区（Ⅲ）	石油天然气、新型能源、稀有金属等国家重大战略资源分布区	重要渔业资源，旅游资源及海洋矿产分布区
海洋公园（Ⅳ）	重要历史遗迹、独特地质地貌和特殊海洋景观分布区	具有一定美学价值和生态功能的生态修复与建设区域

3）海洋特别保护区与海洋自然保护区的区别

虽然海洋特别保护区也是海洋保护区的一种，但它在一定程度上可以被认为是若干类型的混合体，而不属于 IUCN 保护区分类体系中的任何一个单独类型。因此，海洋特别保护区与其他类型的海洋保护区之间既有共性，又有差异，主要表现在保护宗旨、目标与对象，选划标准、保护内容及范围，保护任务和管理方式等方面，具体区别见表 5-3。

表 5-3　海洋特别保护区和海洋自然保护区的区别

主要表现	海洋特别保护区	海洋自然保护区
保护宗旨、目标与对象	以可持续利用海洋资源为根本宗旨和目标，保护海洋资源及环境可持续发展的能力	以某些原始性、存留性和珍稀性的海洋生态环境为保护对象
选划	侧重于海洋资源的综合开发与可持续利用价值	主要侧重于保护对象的原始性、珍稀性和自然性等
保护内容	涉及社会经济、自然资源和生态环境等多个方面	保护其原始自然状态，基本不涉及资源开发与社会发展
保护的任务和管理方式	涵盖海洋资源可持续开发的诸多方面	按区域实行不同程度的强制与封闭性管理

5.1.2　浙江省海洋保护区发展历程

　　浙江是海洋大省，也是海洋保护区建设较多和较完善的省份之一。全省海洋保护区建设自 1990 年国家第一批海洋自然保护区之一的南麂列岛海洋自然保护区建设开始，紧跟国家海洋保护区建设步伐，经历了 30 个年头。浙江的海洋特别保护区建设为全国领先，2005 年建立的乐清西门岛国家级海洋特别保护区是浙江省第一个海洋特别保护区；同年，浙江省建立了普陀中街山列岛海洋特别保护区和嵊泗马鞍列岛海洋特别保护区。后来的几年里，浙江省加快了海洋特别保护区的建设，分别建设完成了宁波渔山列岛国家级海洋生态特别保护区、瑞安铜盘岛省级海洋特别保护区、台州大陈省级海洋生态特别保护区、玉环披山省级海洋特别保护区、温州洞头南北爿山省级海洋特别保护区、苍南七星列岛省级海洋特别保护区等。

　　在管理上，为了更好地做好海洋保护工作，2006 年 5 月浙江省人民政府制定了《浙江省海洋特别保护区管理暂行办法》，将严格控制保护区内各种活动。该办法规定：一旦被确定为海洋特别保护区，需设立明显的界线标志；并设立管理机构进行管理，严格控制在保护区内进行炸岛、采砂、围填海、采伐林木等改变海岸和海底地形地貌的行为；在保护区内加工或者变卖一些用受保护的动植物和岩石等材料做的旅游纪念品也受到严格控制，污染环境的各种活动更是被严格禁止。同时，浙江省政府还陆续出台了一系列政策扶持海洋特别保护区的建设，如资金方面，除了省政府给予一定的启动资金外，地方财政也设立特别保护区的专项建设资金；此外特别保护区内的海洋开发项目将享受减免税的优惠等。

5.1.3　浙江省海洋保护区建设现状

　　截至 2017 年年底，浙江省已建立海洋保护区 14 个（表 5-4），保护区总面积达 2 291.95 平方千米，占全省海域面积的 5.4% 左右。保护区自建立以来，成立了管理机构，制定了总体规划和管理办法，不断增强和提高保护区的管护能力，初步建立了海洋保护区管理体系。针对保护区的海洋生态结构特征，采取有效的资源保护、环境污染防治、生物生境修复、生物物种的养护与增殖等卓有成效的工作，使保护区区域海洋生态系统得到了较好的恢复，海洋保护区已逐步成为浙江省近岸海域海洋生态环境的有效屏障。

表 5-4　浙江省海洋保护区基本情况

序号	类型	保护区名称	位置	总面积（平方千米）	主要保护对象	建区时间
1	国家级海洋自然保护区	南麂列岛国家级海洋自然保护区	位于浙江省东南海域，隶属于平阳县鳌江镇	201.06	海洋贝藻类、鸟类、野生水仙花及其生态环境	1990 年
2		象山韭山列岛国家级自然保护区	位于浙江中部沿海，隶属象山县爵溪街道	484.78	大黄鱼、曼氏无针乌贼、江豚、中华凤头燕鸥等海鸟以及岛礁生态系统	2011 年
3	国家级海洋特别保护区	乐清市西门岛国家级海洋特别保护区	位于浙江省乐清市西门岛	30.80	滨海湿地、海洋生物资源、红树林群落以及黑嘴鸥、中白鹭等多种湿地鸟类	2005 年
4		浙江嵊泗马鞍列岛海洋特别保护区（海洋公园）	位于舟山群岛最北端的岛群	549.00	海洋生态环境，珍稀濒危生物，石斑鱼为主的鱼类资源及重要的苗种资源，各岛礁潮间带的厚壳贻贝、羊栖菜等潮间带贝藻类资源、苗种及其周围生态环境，无人岛岛礁资源，自然景观和历史遗迹	2005 年
5		浙江普陀中街山列岛国家级海洋生态特别保护区（海洋公园）	位于浙江省普陀区东北中街山列岛及其附近海域	202.90	海洋生态环境、珍稀濒危生物、鱼类资源与渔业生态环境、鸟类、岛礁贝藻类资源	2006 年
6		渔山列岛国家级海洋生态特别保护区（海洋公园）	位于浙江省象山半岛东南部，猫头洋东北，隶属于象山县石浦镇	57.00	领海基点岛、重要渔业资源和贝藻类资源、岛礁资源、自然景观及其生态环境	2008 年
7		洞头国家级海洋公园	位于浙江省洞头区	311.04	海洋地质地貌景观、海岸带生物、海洋鸟类资源，历史文化遗迹、海岛民俗等	2012 年
8		玉环国家级海洋特别保护区（海洋公园）	位于渔山渔场南部，玉环东南部海域	306.69	宽吻海豚等海洋珍稀濒危生物、大黄鱼等重要渔业经济品种及其生境，海岛自然景观	2016 年
9		宁波象山花岙岛国家级海洋公园	位于象山花岙岛及其周边海域	44.19	花岙岛东侧火山岩与海蚀海岩地貌，明末张苍水抗清兵营遗址、东部岛礁沙滩及生态系统等	2016 年

序号	类型	保护区名称	位置	总面积（平方千米）	主要保护对象	建区时间
10		台州大陈省级海洋生态特别保护区	位于台州椒江东南部海域	21.60	领海基点、岛礁及其周围海域生物资源	2008 年
11	省级海洋特别保护区	瑞安铜盘岛省级海洋特别保护区	位于瑞安飞云江口以东海域	22.08	海洋生物资源和自然遗迹等	2008 年
12		温州洞头南北爿山省级海洋特别保护区	位于洞头区鹿西岛东北部	8.98	海岛鸟类、海岛植被、重要渔业资源	2011 年
13	省级海洋特别保护区	苍南县七星列岛省级海洋特别保护区	位于浙江省最南端的苍南七星列岛海域	43.83	受台湾暖流和浙闽沿岸流的影响，具有典型的生态系统，渔业、珊瑚等物种资源十分丰富，是浙江近岸海域的"天然实验室"和"自然博物馆"	2013 年
14	省级海洋自然保护区	舟山五峙山列岛鸟类省级自然保护区	位于舟山市定海东北部海域	5.00	海洋鸟类	2001 年
15	市级海洋特别保护区	温州龙湾海洋公园	位于温州市瓯江南口树排沙及周边海域	2.00	红树林和鸟类及滩涂湿地资源保护，积极开展以湿地动植物观赏、湿地体验、湿地文化教育、湿地特色产品开发和湿地生态休闲度假为主的旅游休闲项目	2015 年
小计				2 291.95		

　　在新的形势下，随着海洋经济快速的发展，党的十八大提出的生态文明建设、《浙江省海洋经济发展示范区建设规划》的实施，国家海域空间资源宏观配置政策等都对浙江省的海洋保护区建设提出了更高的要求，现有的海洋保护区在数量、面积与维护海洋生态系统功能发挥上，都还有较大的发展空间。此外，浙江省在海洋保护区基础建设和管护能力等方面也存在一些问题，需要在今后一段时期加大保护区建设力度，进一步提高管理水平。

5.1.3.1　海洋自然保护区现状

　　浙江省现有海洋自然保护区 3 个，包括 2 个国家级海洋自然保护区和 1 个省级海洋自然保护区。国家级海洋自然保护区为：南麂列岛国家级海洋自然保护区和象山韭山列岛国家级自然保护区；省级海洋自然保护区，即舟山五峙山列岛鸟类省级自然保护区。海洋自然保护区的建设和管理工作，是一项"功在当代，利在千秋"的大事。浙江省海洋与渔业局在贯彻《中华人民共和国海洋环境保护法》《中华人民共和国自然保护区条例》的基础上，认真落实完成国家海洋局和浙江省政府下达的海洋自然保护区的建设和管理工作任务，抓好浙江省海洋自然保护区的业务指导工作，推动了各级自然保护区的管理工作。

1）南麂列岛国家级海洋自然保护区

南麂列岛国家级海洋自然保护区，于 1990 年由国务院批准建立，是我国首批 5 个国家级海洋自然保护区之一，又是我国最早（1998 年 12 月）加入联合国教科文组织（UNESCO）世界生物圈保护区网络的海洋类型自然保护区，也是目前我国唯一加入该国际网络的岛屿类型自然保护区。2002 年还被联合国开发计划署（UNDP）列为全球环境基金（GEF）资助的"中国南部海域生物多样性管理"项目示范区。2005 年被《中国国家地理》杂志评为中国最美十大海岛之一。

保护区位于浙江省平阳县东南海域，其地理坐标为 27°24′30″—27°30′00″N、120°56′30″—121°08′30″E。保护区由 52 个面积大于 500 平方米的岛屿、数十个明、暗礁及周围海域所组成，总面积为 201.06 平方千米，其中岛屿陆域面积 11.13 平方千米，海域面积 189.93 平方千米。保护区以海洋贝藻类、海洋性鸟类、野生水仙花及其生态环境为主要保护对象。保护区实行三级保护管理：核心区包括大山、上马鞍、下马鞍、破屿、小柴屿、后麂山、大擂山等岛礁及其附近海域，面积为 8.04 平方千米，实行封闭式保护；缓冲区面积 34.04 平方千米，实行有重点的保护；实验区面积 158.98 平方千米，实行开发性保护。

保护区地处亚热带海域，气候适宜，四季分明，区内岛礁星罗棋布，岸线逶迤曲折，岬角丛生，海湾众多，有沙滩、泥滩、砾石滩与岩礁等多种岸滩类型，还处于台湾暖流和江浙沿岸流的交汇处，流系复杂，锋面发达，这些独特而多样的生态环境为海洋生物的繁衍和生长提供了十分理想的条件。区内有各种门类的海洋生物 1 876 种，包括贝类 427 种、大型底栖藻类 178 种、微小型藻类 459 种、鱼类 397 种、甲壳类 257 种和其他海洋生物 158 种。其中尤为引人注目的是，区内的贝藻类资源特别丰富，两者分别占全国贝藻类种数的 15% 和 25%，约占浙江省贝藻类种数的 80%，大约 30% 的种类以南麂海域为我国沿海分布的北界和南限，有 36 种贝类目前在中国沿岸仅见于南麂海域，黑叶马尾藻、头状马尾藻和浙江褐茸藻是在南麂列岛发现的海藻新种，还有 22 种藻类被列为稀有种，体现出很好的生物多样性、代表性和稀缺性，从而使南麂列岛获得了"贝藻王国"的美誉。

南麂列岛国家级海洋自然保护区自建区以来，按照国家自然保护区的管理要求，建立起一整套完整的保护区管理体系和管护体系。目前管理机构和管理队伍完善，保护区相关的法律法规齐全，管护能力和管护措施较好，保护区资源保护的效果十分显著，保护区的生物多样性不断改善，生态系统处于完好状态。

2）象山韭山列岛国家级自然保护区

象山韭山列岛国家级自然保护区位于宁波市象山县海域，处于浙江省传统的大黄鱼和曼氏无针乌贼的重要索饵、繁衍区内，也是江豚和海鸟的主要洄游和栖息地。2003 年 4 月 23日经浙江省人民政府浙政函〔2003〕60 号文件批准同意建立韭山列岛省级海洋生态自然保护区；2011 年 4 月 16 日经国务院批准（国办发〔2011〕16 号）成为国家级海洋生态自然保护区。

保护区总面积 484.78 平方千米，由 76 个岛礁组成，均为无居民海岛。保护区分为核心区、缓冲区和实验区 3 个功能区，其中核心区面积 58.84 平方千米，缓冲面积 117.16 平方千米，实验区面积 308.78 平方千米，进行有针对性的保护与管理。主要保护对象为江豚、大黄鱼、曼氏无针乌贼、珍稀鸟类等生物资源和海洋生态环境。

保护区建立以后，从保护区管理机构、管理队伍和管理设施建设、保护区总体建设规划和相关法律法规的制定等几个方面，对保护区的资源进行了有效的保护，使保护区的整体生态环境有了较大的改善。

3）舟山五峙山列岛鸟类省级自然保护区

五峙山列岛地处舟山市本岛西北，隶属舟山市定海区岑港镇，于 1988 年被列为定海区级自然保护区。2001 年五峙山列岛被浙江省政府批准升格为省级鸟类自然保护区，市、区二级政府分别成立了由各相关部门组成的鸟岛管理委员会。舟山五峙山列岛省级鸟类自然保护区以五峙山列岛为主要保护核心，覆盖其相关海域，总面积为 5 平方千米，其中核心区为馒头山、无毛山、鸦鹊山和龙洞山及四岛连线的内部海域，总面积 0.2 平方千米；实验区包括两大区域，其一为大五峙山岛、小五峙山岛和老鼠山及周围外延 500 米的海域，面积 2.3 平方千米；缓冲区为核心区外移 360 米的海域，总面积为 1.3 平方千米。主要保护对象为繁殖及栖息的鸟类资源和相关的湿地生态系统。

通过几十年来的管理和保护，保护区的鸟类（主要是湿地鸟）资源得到了较大增加，现有湿地水鸟 47 种，分属 7 目 10 科，其中世界濒危物种 1 种，世界性受胁物种 1 种，国家二级重点保护鸟类 3 种，省级重点保护鸟类 4 种，被列入《中日候鸟保护协定》27 种，被列入《中澳保护候鸟及其栖息环境的协定》17 种，在五峙山列岛及附近海域繁殖、栖息的各种鸟类已达 1 万多只。特别是近几年来在五峙山列岛附近发现了 3 种国家二级重点保护鸟类（黑脸琵鹭、黄嘴白鹭、角䴙虎鸟），大大提高了五峙山鸟岛的保护价值。

5.1.3.2 海洋特别保护区现状

海洋特别保护区与海洋自然保护区不同，其本质上是一种兼顾海洋资源可持续开发和生态环境保护，通过特殊的协调管理手段，促进海洋资源与环境可持续发展的特定区域。浙江省现已建立海洋特别保护区 12 个，包括 7 个国家级海洋特别保护区、4 个省级海洋特别保护区和 1 个市级海洋特别保护区。7 个国家级海洋特别保护区分别为：乐清市西门岛国家级海洋特别保护区、浙江嵊泗马鞍列岛海洋特别保护区（海洋公园）、浙江普陀中街山列岛国家级海洋生态特别保护区（海洋公园）、渔山列岛国家级海洋生态特别保护区（海洋公园）、洞头国家级海洋公园、玉环国家级海洋特别保护区(海洋公园)和宁波象山花岙岛国家级海洋公园；4 个省级海洋特别保护区分别为：台州大陈省级海洋生态特别保护区、瑞安铜盘岛省级海洋特别保护区、温州洞头南北爿山省级海洋特别保护区和苍南县七星列岛省级海洋特别保护区；1 个市级海洋特别保护区，即温州龙湾海洋公园。

浙江省海洋特别保护区的建设，为海域建起了海洋生态保护屏障，确保了海洋生态安全和海洋资源的科学、合理、安全、持续地利用。

1）国家级海洋特别保护区

（1）乐清市西门岛国家级海洋特别保护区。

西门岛位于浙南乐清湾的北部，隶属于乐清市雁荡镇，海岛面积 6.976 平方千米，是乐清市第一大岛，周边浅海滩涂面积广阔，海洋资源种类繁多，构成了以丰富的海洋生物资源、全国最北端的红树林植物以及多种鸟类为主体的海岛及其滨海湿地生态系统，具有极大的生态保护、科学研究和综合开发价值。

2003 年 9 月，乐清市政府启动了西门岛海洋特别保护区的建设工作。2005 年 2 月，经国家海洋局批准建立西门岛国家级海洋特别保护区，为浙江省第一个国家级海洋特别保护区。保护区范围包括西门岛及其滨海湿地，由西门岛景区（海洋度假区）、环岛滨海生态保护景观区、南涂生态保护与开发区三大功能区组成，总面积为 30.8 平方千米。西门岛国家级海洋特别保护区的总体保护目标是西门岛及其海洋生态系统，具体的保护对象是：滨海湿地、海洋生物、红树林、湿地鸟类等资源。

（2）浙江嵊泗马鞍列岛海洋特别保护区（海洋公园）。

嵊泗列岛位于舟山渔场的中心，独特的自然条件孕育着得天独厚的海洋资源，海域内海洋生物物种丰富，是我国重要经济鱼类生长、索饵、繁殖的场所，也是国家海洋生物重要基因库。2005 年 6 月 10 日，经国家海洋局批准，浙江嵊泗马鞍列岛国家级海洋特别保护区正式挂牌建立。保护区总面积为 549 平方千米，包括马鞍列岛中的所有岛礁及周围海域，其中岛礁面积 19 平方千米。根据保护区的资源环境保护现状与建区宗旨，保护区主要分为 10 个功能区：马鞍列岛海洋生态保护区，马鞍列岛无人岛岛礁资源保护区，马鞍列岛珍稀濒危生物保护区，马鞍列岛经济鱼类资源保护区，嵊泗—枸杞岛厚壳贻贝、羊栖菜种质资源保护区，绿华岛—花鸟岛—壁下岛石斑鱼资源保护区，花鸟山以东—求子山—黄礁人工鱼礁增殖放流区，绿华岛—黄礁抗风浪深水网箱养殖区，马鞍列岛生态养殖区，马鞍列岛生态旅游风景区。主要保护对象是：马鞍列岛海洋生态系统、珍稀濒危水生动物、鱼贝藻类、自然景观和历史遗迹等。

自从浙江嵊泗马鞍列岛国家级海洋特别保护区建区以来，实施了有效的保护措施，已获得了明显的生态效应。为了保护特定区域的海洋生态系统、资源和权益，保障海洋资源与环境可持续利用，促进海洋经济协调快速健康发展，根据《中华人民共和国海洋环境保护法》和国家有关规定，国家海洋局要求全国各沿海省市全面总结我国海洋特别保护区建设管理实践经验和国外各类海洋公园建设成功经验，努力建设一批国家级和地方级的海洋公园，嵊泗国家级海洋公园建设应运而生。2013 年，嵊泗国家级海洋公园启动创建工作。2014 年 12 月，国家海洋局正式批复建立嵊泗国家级海洋公园。

（3）浙江普陀中街山列岛国家级海洋生态特别保护区（海洋公园）。

浙江普陀中街山列岛国家级海洋生态特别保护区位于舟山群岛中部。保护区从 2002 年开始筹备，2004 年底完成相关的保护区科学考察、选划和申报工作，2005 年 6 月经国家批准正式挂牌成立。2007 年 3 月，保护区成立管理委员会；2008 年 12 月，舟山市普陀区人民政府正式成立浙江普陀中街山列岛海洋特别保护区管理局，并出台了《浙江普陀中街山列岛海洋特别保护区管理办法》，浙江普陀中街山列岛国家级海洋生态特别保护区正式走上了法制化运营轨道。2016年12月，浙江普陀中街山列岛国家级海洋生态特别保护区明确了功能分区，并加挂普陀国家级海洋公园牌子。

浙江普陀中街山列岛国家级海洋生态特别保护区以保护被保护对象及其赖以生存的自然环境为宗旨，实行保护优先、开发利用服从保护的方针。保护区总面积为202.9平方千米，其中岛陆面积为10.48平方千米。保护区范围内设立重点区。重点区划分为一级保护区、二级保护区和开发利用区。自从建区以来，实施了有效的保护措施，已经获得了明显的生态效应，以前数量极为稀少的大黄鱼现在时有发现，曼氏无针乌贼也重新出现在中街山海域，石斑鱼、章鱼等其他珍稀鱼类生物的种群数量也有所增加，2010年黑鲷、鳗鱼、日本蟳、小黄鱼等经济鱼类旺发。通过增殖放流的厚壳贻贝长势良好，贻贝、羊栖菜、鼠尾藻等贝藻类重点保护品种种群数量与前几年相比明显上升。说明浙江普陀中街山列岛国家级海洋生态特别保护区的建立对该区域海域乃至舟山渔场海域海洋生态系统的恢复起到了重要作用。

（4）渔山列岛国家级海洋生态特别保护区（海洋公园）。

渔山列岛位于象山半岛东南部，猫头洋东北，隶属于象山县石浦镇。距石浦铜瓦门山47.5千米，地理坐标为28°51.4′—28°56.4′N，122°13.5′—122°17.5′E。列岛由13岛41礁组成，呈NE—SW向排列，EW向宽约4.5千米，NE—SW向长约7.5千米，海岛岸线总长约20.8千米。

渔山列岛岛礁星罗棋布，不同形状的礁体构成了天然的"鱼礁"，加上多水系交汇，水质清新、饵料丰富，是鱼虾蟹贝藻栖息、繁殖、索饵、生长的理想场所，其邻近海域渔山渔场是我国最重要的渔场之一。渔山列岛的海洋生物资源种类多，据统计有浮游生物200余种、底栖生物119种、附着性藻类94种、潮间带贝类80多种，是宁波沿海生物种类最多的海区之一；重要经济种类无论是种类数还是生物量都属丰富海区，既有洄游性的大黄鱼、带鱼、乌贼等，又有岩礁性的石斑鱼、真鲷、黑鲷、鮸鱼、褐菖鲉等，潮间带还有很多具有经济价值的贝藻类。

2008年8月经国家海洋局批复同意建立渔山列岛国家级海洋生态特别保护区，保护区面积为57平方千米，包括保护区范围内所有54个岛礁及周围海域，其中岛陆面积约2平方千米。

（5）洞头国家级海洋公园。

2012年12月，国家海洋局批准成立洞头国家级海洋公园，范围包括南北爿山屿、鹿西白龙屿及其周边海域、洞头岛东南沿岸、洞头东部列岛和大瞿岛的周边海域及海岛，选划区总面积为311.04平方千米，其中海域面积295.2平方千米。

洞头国家级海洋公园是集岛屿生态系统、海洋牧场生态系统、历史文化遗迹、地质地貌景观和珍稀濒危物种为一体的海洋生态景观综合区，分为两个层面进行规划、保护和开发。在保护生态功能上，海洋公园划分为重点保护区、生态与资源恢复区、适度利用区和预留区4个功能区，重点保护竹屿东南部海域生物资源、典型海洋景观和鸟岛，同时设立增殖放流区和白龙屿生态海洋牧场区；大小瞿岛、连港蓝色海岸带、竹屿岛、生态养殖区、浅海养殖科学试验区等划分为适度开发利用区。在开发利用海洋资源层面，则划分滨海休闲度假区、海岛体验区、海钓区和海洋特产购物区四类融合型生态旅游功能区，其中，集旅游观光、旅游度假、旅游休闲等为一体的滨海休闲度假区，将是海洋公园的核心区。

（6）玉环国家级海洋特别保护区（海洋公园）。

2011 年 11 月中旬，浙江省人民政府正式发文（浙政函〔2011〕340 号），批准建立玉环披山省级海洋特别保护区。玉环披山省级海洋特别保护区位于玉环市东部海域，渔山渔场南部，范围包括大鹿山、小鹿山、前山、下前山、大洞精岛、小洞精岛、披山、小披山诸岛及周边海域，保护区总面积 114.70 平方千米，其中海域面积 111.09 平方千米。保护区生态环境良好，具备丰富的渔业资源和景观资源，具有重要的保护价值和开发利用价值。保护区的建设有利于促进披山洋海域资源、环境、经济、社会的协调、可持续发展。

为满足海洋公园功能需要，玉环海洋主管部门在玉环披山省级海洋特别保护区的基础上进行升级建设，将大鹿岛、鸡山岛、洋屿岛等划进海洋公园。2016 年 12 月，经国家海洋局批准，玉环获批国家级海洋公园，选划面积 306.59 平方千米。其中，披山海域选划面积 237.55 平方千米，乐清湾海域选划面积 69.04 平方千米。玉环国家级海洋公园的申报和建设对于保护修复海洋生态环境、推进海岛开发利用与保护、优化海洋生态产业、倡导海洋生态文明理念均有很好的促进作用。

（7）宁波象山花岙岛国家级海洋公园。

花岙岛，别名大佛岛，位于浙江省象山县南部的三门湾口东侧、东北距国家中心渔港石浦港约 12 千米处，拥有近 30 千米的海岸线。2002 年，象山县批准花岙岛为自然保护区。

岛上地质地貌遗迹类型以火山岩区海岸带地貌景观为主，海蚀景观和海积景观发育，具有鲜明的滨海特色，具备深度发展海洋生态旅游的环境资源、自然景观和人文优势。2016 年 12 月，经国家海洋局国海环字〔2016〕705 号文件批准，象山花岙岛被批准建立国家级海洋公园，这是宁波象山县第二个国家级海洋公园、第三个国家级保护区。根据花岙岛国家级海洋公园选划报告，范围包括花岙岛及其附近 24 个岛礁和周边海域，选划区总面积约 44.19 平方千米，其中海域面积约 27.80 平方千米，陆地面积约为 16.39 平方千米。海洋公园主要分成重点保护区、生态与资源恢复区和适度利用区三个功能区。

2）省级海洋特别保护区

（1）台州大陈省级海洋生态特别保护区。

2008 年 11 月经省政府批复建立，2009 年 7 月挂牌成立了"台州市椒江区大陈海洋生态特别保护区管理站"。该特别保护区位于下大陈岛南端洋旗岛（上屿、中屿和下屿）、竹屿及周围海域，总面积为 21.6 平方千米。目的是在有效保护特别保护区内领海基点、岛礁及其周围海域生物资源的基础上，协调海洋自然资源开发与生态环境保护，使之可持续利用。

（2）瑞安铜盘岛省级海洋特别保护区。

瑞安铜盘岛省级海洋特别保护区位于瑞安市飞云江口以东海域，距瑞安市区约 27.8 千米，距温州市区约 55.6 千米，由大北列岛的铜盘岛（铜盘山）、长大山、王树段岛、荔枝山、山姜屿（三尖娘）、金屿、王树段儿屿（小条）等 9 个大小岛屿及附近的海域组成，总面积 22.08 平方千米，其中海岛陆域面积 1.38 平方千米，海岸线长 15.86 千米。2008 年 5 月，由浙江省人民政府批准建立，是以海洋生物资源保护和自然遗迹保护为主体的综合型海洋特别保护区。

（3）温州洞头南北爿山省级海洋特别保护区。

温州市洞头区南爿山岛和北爿山岛位于浙江省沿海中南部，隶属于温州市洞头区鹿西乡，由2岛4礁及邻近海域组成。具体位置位于温州市洞头区的东北部，距洞头本岛约20千米，乐清湾口门外侧（27°59′30″—28°01′00″N，121°14′49″—121°17′00″E）。南、北爿山岛及邻近海域自然条件优越，海洋生物资源丰富，岛礁风光独特，常年有群鸟寄居翔翔，繁衍生息。2011年2月中旬，浙江省人民政府正式发文（浙政函〔2011〕78号），批准建立温州洞头南北爿山省级海洋特别保护区。根据批复，南北爿山海洋特别保护区由南爿山屿、北爿山屿、周边岛礁及海域组成，总面积8.98平方千米。通过海洋特别保护区建设，实施重点资源和环境保护与开发利用项目，依靠科学技术和法律保障，改善保护区的生态环境，保护生物多样性，使保护区内重要渔业资源得以保护、恢复和可持续利用。

（4）苍南县七星列岛省级海洋特别保护区。

2013年，浙江省人民政府下发《浙江省人民政府关于建立苍南县七星列岛省级海洋特别保护区的批复》（浙政函〔2013〕98号）文件，同意建立浙江七星列岛省级海洋特别保护区。

七星列岛省级海洋特别保护区位于浙江省最南端的一组外侧岛礁群——苍南七星列岛海域，由星仔岛、东星仔岛、横屿、立鹤岛、小立鹤岛及裂岩等13个岛礁及附近的海域组成，海域总面积43.83平方千米，岛礁总面积约为8.59公顷，海岛岸线总长度约3.1千米。区界由地理坐标为27°07′07.90″N、120°48′35.00″E；27°05′51.80″N、120°47′18.57″E；27°02′47.09″N、120°48′24.82″E；27°02′47.09″N、120°52′02.02″E；27°04′07.52″N、120°52′43.29″E这5个控制点组成的区域。星仔岛岛群及其附近海域重点保护区以岛礁及海洋生态环境保护为主导功能，严格控制海洋资源开发，珍稀生物资源得到有效保护，维持良好的原生海洋生态系统；七星列岛及其周边海域生态与资源恢复区以投放人工鱼礁、开展人工增殖放流、探索打造海洋牧场为主导功能，保护珍稀海洋生物，发展生态渔业，使渔业资源得到有效恢复，实现渔业资源可持续利用；横屿及其附近海域适度利用区进行旅游资源开发，主要旅游开发类型为海洋垂钓、海景观光等生态旅游。

3）市级海洋特别保护区

市级海洋特别保护区仅有1个，即温州龙湾海洋公园。温州龙湾海洋公园地处瓯江南口，位于灵昆大桥以东，灵昆岛南侧，龙湾海岸线北侧区域，规划总面积200公顷，其中重点保护区44.39公顷，生态与资源恢复区65.21公顷，适度利用区90.40公顷，是我国目前处于最北位置最大规模种植红树林的海域。海洋公园将以生态保护为主，兼顾科普、适度旅游开发，并在保护区外增加旅游观光栈道等。同时，加强系统监测，持续开展多样性变迁、小气候变化等课题研究，为保护海洋生态环境提供科学依据。海洋公园所在区域内禁止任何单位和个人破坏规定的各类海洋生态系统，严禁在保护区2千米范围内，建设有污染性的开发项目等。

5.2 浙江省现有海洋保护区建设存在的困难

浙江省海洋保护区建设虽然取得了一定成就，但在保护区的数量、类型、面积和生态功能发挥上与发展需求仍有一定空间，在海洋保护区的管理体制和法律法规体系建设、基础设施和管护能力建设、生态环境修复等方面也面临诸多难题，需进一步完善和提高。

5.2.1 保护区建设速度与海洋经济发展不同步

浙江是海洋大省，近几年来浙江海洋经济发展非常迅速，已逐渐成为支撑经济发展的一个重要增长极。2015 年，全省海洋经济发展总体平稳，三大产业保持均衡增长态势。 2015 年，全省海洋及相关产业增加值为 6 180 亿元，比上年增长 7.3%。海洋及相关产业增加值占全省 GDP 比重为 14.4%，比上年提高 0.1 个百分点，比 9.6% 的全国海洋及相关产业增加值占 GDP 比例高出 4.8 个百分点。海洋是浙江经济社会发展的优势所在，已在该省国民经济中占据重要地位，发挥着重要作用。在国家"一带一路"倡议、加快推进长江经济带建设背景下，浙江省正在大力发展海洋经济，推动舟山江海联运服务中心建设。今后，依托江海联运，浙江省海洋开发力度将进一步加大，海洋经济增速将得到进一步提升。

与之相比，作为重要生态屏障的海洋保护区无论是数量、规模还是总面积均与海洋经济发展速度不相匹配，刚达到国家的要求。根据《全国海洋功能区划》规定，至 2020 年，海洋保护区总面积达到我国管辖海域面积的 5% 以上，近岸海域海洋保护区面积占到 11% 以上。《浙江省海洋功能区划（2011—2020 年）》规定，到 2020 年，全省海洋保护区面积达到管辖海域面积的 11% 以上，保留区面积比例不低于 10%。

5.2.2 管理体制和机构不健全

法律法规是海洋保护区管理和执法的依据。现有的海洋保护区法规体系包括国家、地方和保护区三级体系。国家相关的法律法规、政策包括《中华人民共和国自然保护区条例》《海洋自然保护区管理办法》《海洋特别保护区管理办法》等，省级层面出台了《浙江省自然保护区管理办法》《浙江省海洋特别保护区管理暂行办法》地方性法规，还出台了《浙江省南麂列岛国家级海洋自然保护区管理条例》《宁波市韭山列岛海洋生态自然保护区条例》《舟山市国家级海洋特别保护区管理条例》专项地方性法规，宁波市则颁布了渔山列岛国家海洋特别保护区相关的地方性管理办法。现有的海洋保护区相关的管理规定缺少强制性约束条款，给保护区日常管理带来困难。

健全的管理机构是海洋保护区规范化管理的基础保障。浙江省部分海洋保护区已建立了完善的管理机构，如南麂列岛国家海洋自然保护区管理局、嵊泗县马鞍列岛海洋特别保护区管理局和浙江普陀中街山列岛海洋特别保护区管理局等，还有相当一部分海洋保护区尚未建立独立的管理机构，缺少人员编制，仅靠当地的海洋行政主管部门相关人员兼职管理，管理力量严重不足。部分已经建立管理机构的保护区，也均不同程度地存在管理人员偏少、人员队伍机构不合理、专业技术人员偏少等问题。

5.2.3 基础设施建设不足，管护能力相对落后

海洋保护区基础设施建设是保障保护区管护工作顺利进行的基础。浙江省的海洋保护区大都位于偏远海岛地区，各海洋保护区均存在基础设施较差的情况，包括保护区内的码头、道路、管理用房和配套设施、电力通信等基础设施都亟须加大建设力度。

海洋保护区主要管理范围包括岛屿及其周边海域，保护对象主要是岛礁资源和海洋生态系统，范围大、环境复杂，管理难度较大，需要较高的管护水平。但目前绝大多数海洋保护区的管护设施不足，管理技术水平也相对落后，难以应对管理需求。加强基础管护设施建设，配备视频监控等现代管护设备，提高管护人员素质，增强管护技术水平将是今后保护区建设的重要任务之一。

5.2.4 调查监测和科学研究相对滞后，生态环境恢复任务艰巨

虽然目前每个保护区都开展了海洋环境监测和主要保护对象调查，但受制于人员、资金投入和技术水平的不足，加上基础数据积累较少，使得对保护区环境和生态系统缺乏全面深入的调查研究和长期有效的监测，对区内实际生态环境的变化和发展趋势缺乏深入的了解，难以全面、科学评估保护区的建设效果，继而实施有效的生态环境修复措施。

5.2.5 保护区建设资金投入不足

海洋保护区建设是公益性事业，其性质决定了短期内投入与产出不成比例。海洋保护区建设对于海洋生态环境修复是一个长期和缓慢的过程，建设的内容很多，需要投入大量的财力物力。这种投入主要依靠各级政府，但目前地方政府对海洋保护区的投入有限，尤其是许多海洋特别保护区，经常性运转经费尚未纳入财政预算，保护区自营自养能力还很薄弱，管理与建设资金缺口较大。虽有海洋环保项目资金的保障，但海洋保护区与陆地保护区不同，对基础设施、科研水平要求相对较高，资金投入的不足会直接影响到保护区的正常工作。

5.3 浙江省海洋保护区管理与建设相关建议

为加强海洋生态保护区建设，建设美丽浙江，逐步解决目前保护区建设中存在的问题，必须建立一套完整的、科学有效的保障体系，并走出一条可持续的、多元的发展之路。

5.3.1 加强海洋保护区法规建设，完善海洋保护区法规体系

加强立法工作，依据浙江海洋保护区特点制定符合浙江特色的《浙江省海洋保护区管理条例》，并严格执行，使海洋保护管理工作有法可依、有法可循。同时还应建立海洋保护区相关评估体系，对海洋保护区可能发生的潜在灾害、风险进行定期评估，保障浙江海洋保护区高水平、科学化管理。

海洋保护区的管理还应与时俱进， 根据新的需求修订或细化现有海洋自然保护区管理专项法规。并结合不同保护区的特点，细化各个特别保护区管理细则，使其具有可操作性。为各海洋特别保护区的建设与发展建立较好的政策环境。

依据《浙江省自然保护区规范化管理办法》，以专项执法与年度考核相结合，加强对海洋自然保护区建设引导和监管，严肃查处各类违法行为，提高规范化管理水平。建立和完善《浙江省海洋特别保护区分级达标考核管理办法》，以专项检查和年度考核相结合，推进海洋特别保护区规范化建设，并纳入各保护区管理机构年度目标责任制考核目标。

5.3.2 完善海洋保护区管理机构，提升综合管理能力

海洋保护区应有独立的管理机构，并配齐、配强管理队伍，配备必要的办公设施与装备，进行日常事务的管理。同时还应加强与其他部门的沟通协调，与执法监督部门配合共同执法检查，严厉查处保护区内的违法行为，全面提高保护区的管理和执法效能。

在提升保护区硬件管理设施的同时，还应加强保护区软件管理能力建设，强化保护区管理人员能力建设，定期对保护区管理人员进行培训，提升管理人员综合素质。加强专业人员配备比例，加强产学研结合，鼓励保护区和相关院校、科研机构建立合作关系，在加强保护区管理建设研究的同时，提高管理人员的综合素质。同时还应加强保护区的信息化建设，加强不同保护区之间的沟通联系，取长补短，互相促进，促进管理工作的规范化和科学化。同时努力争取保护区所在地地方政府与有关部门的支持，提供机构设置、人员编制等方面的基本保障，进一步完善海洋保护区的管理机构。

5.3.3 积极推进海洋保护区建设，形成海洋生态保护屏障

加强海洋保护区基础设施建设，建立海洋保护区动态管理机制，开展定期的海洋保护区质量和管理能力评估，建立保护区警告、升降级制度。

根据已建海洋保护区的建设情况和建设年限，对建区 5 年以上的海洋保护区，针对各保护区的总体目标和主要保护对象，开展保护区海洋生态体系健康调查与保护区建设效果评估，在此基础上，针对各保护区生态系统情况和保护对象的特点，积极开展保护区生态修复工程，使保护区内遭受破坏的生态环境得到修复，生态体系更加完整，生态功能得以发挥。

5.3.4 整合海洋保护区，推进海洋公园建设

海洋保护区有海洋自然保护区和海洋特别保护区，两者之间有一定程度的重合。我国设立海洋保护区的初衷就是促进海洋资源的保护，以达到海洋资源可持续利用的目的。海洋公园也是海洋特别保护区的一种，是为保护海洋生态与历史文化价值，发挥其生态旅游功能，而在特殊海洋生态景观、历史文化景观以及独特地质地貌景观及周边海域建立的。在其保护的基础上进行合理化的开发，不仅能够达到保护海洋资源的目的，还可以产生一定的经济效益，并带动周边地区社会经济的发展。

海洋保护区的管理，应整合周边海洋资源，具备相应条件的，提倡建立海洋公园。但政府应控制海洋公园的开发比例，采用国家和省两级管理制度，国家总体把控，控制海洋公园的划分、审批及开发比例；地方负责海洋公园的具体开发利用及保护。从利弊分析来看，二级管理模式更利于海洋公园的建设。在海洋公园的管理上，政府要主动出击，更好履行环境保护的义务。

5.3.5　强化科技保障，建设有效的海洋保护区网络

海洋保护区管理能力的提升离不开海洋科技的支撑，加强海洋保护区管理能力建设，应强化科技保障，提高科技在海洋保护区管理中的作用。海洋保护区应从生态安全、生态健康及生态环境承载力等方面进行系统评价，定期对海洋保护区进行基础调查、监视监测等，为海洋保护区的管理提供数据支持。海洋保护区的管理还应建立绩效评估制度，通过对海洋保护区环境状态横向与纵向评估，以考核海洋保护区管理的绩效。同时建立生态预警评价指标、分级管理方案和确定警戒线等措施，对海洋生态系统的演化趋势进行预测评价，提出相应的防范对策，为政府决策提供科学依据。

为实现海洋保护区管理效益的最大化，应建立海洋保护区网络。其原理是通过不同空间、不同尺度、不同水平之间的相关组织相互合作，成立一个海洋保护区集合体，以达到单个海洋保护无法达到的管理水平。海洋保护区网络的建立不仅可以提升不同海洋保护区的管理效能，还可以达到资源利用效率的最大化，使相互独立的海洋保护区扩展成海洋保护区网络，利用海洋保护区网络中的最佳经验进行海洋保护区的管理。

5.3.6　加大资金投入，保障海洋保护区可持续性建设

海洋保护区的管理与建设除了地方财政投入之外，还应积极争取生态保护财政的投入，建立海洋保护区专项资金，以用于海洋保护区的日常管理与运营，提高海洋保护区管理水平。

同时海洋保护区的建设还应广泛吸收社会资金的投入，加快建立生态补偿机制，通过民间资本的注入，提高海洋保护区活力，探索在政府引导下的国内外民间资本社会多元化的投入机制，让社会民众广泛参与海洋保护区的管理与建设工作。

5.3.7　鼓励公众参与，强化教育宣传工作

海洋保护区的建设与管理离不开公众的参与，在海洋保护区相关管理政策制定过程中，应鼓励公众参与，提高公众参与的积极性，并建立公告制度，保障公众的知情权。

海洋保护区的论证、选址建设以及管理应积极引导群众参与，广泛征集民众的意见。深入基层，加强公众基础教育，开辟公众参与海洋保护的新渠道。同时发挥新闻媒体的宣传和监督作用，积极宣传海洋保护相关知识与法律法规，公开海洋保护管理的典型案例，通过案例教育群众，普及海洋知识，提高公众海洋保护的积极性与主动性，增强公众参与海洋生态环境保护的自觉性。

5.4　海洋保护区建设实践——以渔山列岛国家级海洋生态特别保护区为例

5.4.1　渔山列岛国家级海洋生态特别保护区（海洋公园）基本情况

5.4.1.1　地理位置

渔山列岛位于浙江沿海中部，因为独特的自然环境以及丰富的岛礁资源，使得列岛及其

周围海域成为多种海洋生物资源的集居地。渔山列岛于 2008 年 8 月被批准建立国家级生态特别保护区。浙江渔山列岛国家级海洋生态特别保护区位于浙江省象山县东南海域，总面积 5 700 公顷，其中重点保护区 41.2 公顷，生态与资源恢复区 178.7 公顷，适度利用区 2 492.6 公顷，预留区 2 987.5 公顷。渔山列岛岛礁总数量为 54 个（其中岛屿 13 个、礁 41 个），目前开发利用的北渔山岛为有居民岛，面积 50 公顷，现有村民 198 户 498 人，其中常住村民 40 户 70 人。

5.4.1.2 资源特色

1）环境优美

渔山列岛属于典型岛群生态系统，海岛特色明显。优越的地理位置，使得其海洋环境质量优良，附近岛礁棋布，暗礁林立，海水清澈，气候宜人、环境优美，是我国少有的集环境、资源、区位等优势于一身的海域。

2）资源丰富

渔山列岛地处南北洋流交汇带，鱼类、贝类、藻类资源丰富，被誉为"亚洲第一钓场"。经调查共发现浮游植物 135 种、浮游动物 65 种、底栖生物 119 种、潮间带生物 84 种，海洋生物多样性较高。

3）景点众多

渔山列岛海蚀地貌特征明显，景点众多。仙人桥、五虎礁、一线天等景点气势雄伟，其中"仙人桥"居空横架惊涛之上，伏桥俯视，顿觉四面来风，感觉涛卷浪翻声如雷鸣，亦能觉得身下的"桥"似颤似颠，大有即刻会倾覆百丈涛谷之感。

4）文化深厚

渔山列岛文化深厚，有被誉为"远东第一大灯塔"的北渔山岛灯塔。附近海域是古代丝绸之路的黄金水道，曾在此附近发掘出大量文物。可以说此区域见证了当年海上丝绸之路的繁荣之景。

5.4.1.3 功能分区

2012 年 12 月 21 日，国家海洋局正式批复同意象山渔山列岛国家级海洋生态特别保护区加挂国家级海洋公园牌子（国海环字〔2012〕862 号）。渔山列岛国家级海洋公园是在渔山列岛海洋特别保护区的基础上进行选划建立的。海洋特别保护区的原则是在保护海洋生物资源不受破坏和保持海洋生态系统稳定的前提下，对保护区的资源进行有序、有度、合理的开发，而渔山列岛不仅环境优美、水质清新，而且地理位置优越，具备发展滨海旅游的环境资源、自然景观和人文优势，并且随着国际海钓节的举办，其知名度已经远播亚洲乃至世界各地，不断吸引来自海内外的游客，旅游热度不断升温，入岛人数呈逐年增长趋势，环境压力较大。建立渔山列岛国家级海洋公园，不仅对维护海洋生态系统的稳定，挖掘海洋景观的价值具有重要意义，而且对合理布局渔山列岛的旅游资源，以旅游环境容量控制入岛人数具有重要的作用。

渔山列岛海洋特别保护区和海洋公园功能分区见表 5-5。

表 5-5　渔山列岛海洋特别保护区和海洋公园功能分区

	海洋特别保护区	海洋公园
重点保护区	伏虎礁领海基点保护区	伏虎礁领海基点保护区
	平虎礁海藻种质资源保护区	平虎礁海藻种质资源保护区
	渔山列岛岛礁资源保护区	
生态与资源恢复区	南、北渔山潮间带贝藻资源恢复区	南、北渔山潮间带贝藻资源恢复区
	北渔山东北侧海域人工鱼礁增殖放流区	北渔山东北侧海域人工鱼礁增殖放流区
	大白礁海域海珍品底播增殖区	大白礁海域海珍品底播增殖区
适度利用区	南、北渔山海岛生态旅游区	南、北渔山除重点保护的岛屿和海域
	北渔山大澳浅海生态养殖区	
预留区		保护区内其他海岛和海域

海洋牧场是保护和增殖渔业资源、修复水域生态环境的重要手段。目前，我国海洋牧场建设已形成一定规模，经济效益、生态效益和社会效益日益显著，但同时海洋牧场建设也存在引导投入不足、整体规模偏小、基础研究薄弱、管理体制不健全等问题。2015 年 5 月，农业农村部组织开展国家级海洋牧场示范区创建活动，决定在现有海洋牧场建设的基础上，高起点、高标准创建一批国家级海洋牧场示范区，推进以海洋牧场建设为主要形式的区域性渔业资源养护、生态环境保护和渔业综合开发。近年来，宁波市、象山县两级政府十分重视渔山列岛的海洋资源保护和资源开发工作。市海洋行政主管部门先后组织科研机构、海洋专家多次上岛考察调研，并通过投放人工鱼礁和增殖放流，建立人工鱼礁增殖放流区域等，大大丰富了渔山列岛及其附近海域的渔业资源。2015 年渔山列岛获批国家级海洋牧场示范区。渔山列岛国家级海洋牧场示范区的建立，对有效保护列岛及其周围海域海洋生态系统、科学开发海洋资源和维护海洋权益具有深远意义。

5.4.2　渔山列岛国家级海洋生态特别保护区（国家公园）建设情况

5.4.2.1　海洋保护区海岛及其周边海域生态系统多样性调查和保护工程

开展了生物多样性调查、重点保护对象调查、海岛环境整治修复、管理船打造、海洋碳汇试验区工程、视频监控系统扩建等工作，充实保护区各类资源的基本数据库，恢复岛礁植被，减轻环境污染，探索改善海洋环境的方法途径，提升保护区管护能力。

1）保护区生物多样性调查

通过系统调查后，确立渔山列岛国家级海洋生态特别保护区的主要保护对象是伏虎礁领海基点、海洋生态环境、岛礁资源及海洋渔业资源等。2011—2012 年每年的 5—8 月开展鸟类资源调查，同时结合保护区巡护管理开展江豚资源调查。

2）海岛环境整治修复工程

在北渔山岛选址建设了一处生活垃圾收集处理设施，用于收集处理岛上生活垃圾，减少岛上污染。在北渔山岛约 0.13 平方千米的山体面积选择合适树种，开展植树造林活动，进行山体复绿。北渔山岛山体复绿工程 2012 年 3 月初完成设计，分为海岛山地人工造林树种选择试验林和海岛山地人工造林两个项目，造林面积分别为 0.06 平方千米和 0.073 平方千米，初步估计成活率均在 95% 以上。

5.4.2.2　保护区重点保护对象视频监视系统扩建及管理船舶建设

在保护区原有的一套视频监控系统的基础上，增加监控点，加强重点区域的监视监控，基本完成对保护区重点区域监控的全面覆盖。打造了登礁式管理船 1 艘，单机 294 千瓦，长 19 米，宽 3.6 米，深 1.7 米，用于保护区巡航管理。

5.4.2.3　人工鱼礁建设

人工鱼礁是人为在水中设置构造物，为鱼类等水生生物栖息、生长、繁育提供必要、安全的场所，达到保护增殖渔业资源、促进海洋渔业可持续发展的目的。2004 年 11 月，象山县首次在渔山列岛大白带礁－牛粪礁－五虎礁－观音礁一带海域投放了 7 座报废渔船单船礁体。2010 年，进行了第二期人工鱼礁投放，投放在白带礁－牛粪礁附近（28°53′51″N、122°15′30″E），投放海域范围为 50 米 × 50 米的正方形，总共投放 70 座礁体，形成人工鱼礁 10 000 余空立方米，总投资 100 万元。标志着渔山列岛国家级海洋生态特别保护区基础建设项目得到进一步推进。2014 年，象山在渔山列岛五虎礁北面的指定海域试投了 7 座由"三无"渔船改造的人工鱼礁。2015 年在渔山列岛国家级海洋生态特别保护区域，27 座船礁沉入指定区域，至此，宁波最大的人工鱼礁群形成。

5.4.3　渔山列岛国家级海洋生态特别保护区（海洋公园）管理情况

2008 年 8 月，国家海洋局批准建立渔山列岛国家级海洋生态特别保护区。为了加强保护区综合管理，2009 年 3 月，保护区管理局专门发出了《关于加强渔山列岛国家级海洋生态特别保护区管理工作的通告》，由保护区管理局、石浦镇政府、渔政渔港监督管理站、石浦边防站等单位组成专项整治工作小组，进行联合执法，严厉查处各种岛礁资源的破坏活动，并在岛上派驻常住工作人员，时刻关注渔山海域动态。同时通过新闻媒体、悬挂宣传横幅、分发宣传册和图片等形式，开展广泛的宣传教育，提高公众对海洋特别保护区的认识，增强了公众参与保护海洋环境与海洋资源的意识。

2009 年，国家海洋局批复了《渔山列岛国家级海洋特别保护区总体规划》。根据规划，应加强对渔山列岛国家级海洋特别保护区建设、管理、巡护、执法、科研、监测、生态修复等各项工作的组织领导，建立稳定的财政机制，不断提高管理能力和管理水平。同时，严格对保护区内各类开发活动的审批和监管，切实保护好海洋生态环境，保证保护区管理目标的全面实现。

为了渔山列岛国家级海洋生态特别保护区的规划、建设、保护和利用有据可依，2011 年《宁波市渔山列岛国家级海洋生态特别保护区管理办法》（以下简称《办法》）经市政府第

112 次常务会议审议通过，自 2012 年 1 月 1 日起施行。

2012 年 12 月成功挂牌国家级海洋公园。保护区建立以来，保护区的规划、建设、保护和利用工作一直处于多部门管理、职责交叉的状态。加之海岛旅游的兴起和过度的海洋捕捞以及无约束的海钓行为、岛上农居房的随意扩建、乱建等，给渔山列岛及周边海洋生态环境和资源带来了很大的承载压力。综上原因，迫切需要制定一个刚性的、可操作的具体办法在制度上加以保障，进一步制约这些无序无度的开发和破坏行为，从而实现可持续发展的目标，更好地保护海洋生态环境和资源。基于相关因素，象山县法制办会同县海洋与渔业局着手起草《渔山列岛国家级海洋生态特别保护区保护和利用管理暂行办法》（以下简称《暂行办法》）。2015 年 8 月 28 日，《渔山列岛国家级海洋生态特别保护区保护和利用管理暂行办法》经审议通过。

5.4.3.1 《宁波市渔山列岛国家级海洋生态特别保护区管理办法》

1）保护区实行功能分区管理

《办法》规定，渔山列岛国家级海洋生态特别保护区管理机构负责保护区的规划、建设、保护和利用的具体工作，划分重点保护区、适度利用区、生态与资源恢复区和预留区。

这些区域应当符合下列管理要求：在重点保护区禁止实施与重点保护区保护无关的工程建设活动；在适度利用区内可以适度利用海洋资源，实施与保护区保护目标一致的生态型资源利用活动，如生态养殖业、增殖业、生态旅游业、休闲渔业、海钓、捕捞业等；在生态与资源恢复区内可以适当地采取人工生态整治与修复措施，恢复海洋生态、资源；在预留区内可以适度利用海洋资源，但不得改变区内的自然生态条件。

2）保护区海洋资源实行有偿使用

依据保护区的总体规划，保护区内可以从事经营性开发利用活动，保护区管理机构采用公开招标方式授权企业经营，并与企业签订特许经营协议。保护区内的海洋资源实行有偿使用，有偿使用收入应当用于保护区的保护、管理和有关权利人损失的补偿。

保护区内游客、海钓者、海钓船舶和游艇实行总量控制；保护区内开展海钓、游艇等经营活动，经营单位应当组织进行安全性评价，制定安全管理措施，落实安全生产责任制。

3）保护区内禁止七项活动

《办法》第二十条规定，禁止在保护区内进行下列活动：狩猎、放牧；炸鱼、毒鱼、电鱼；采拾鸟卵；擅自采集、加工、销售、运输和携带野生动植物及矿物质制品；破坏保护区设施；直接向海域排放污染物或超标排放污染物；未经批准在保护区采石、挖砂、围海。

单位或个人如擅自改变保护区内海岸、海底地形地貌及其他自然生态环境条件，或者在保护区建设科学实验基地，从事科学研究、教学及相关活动中产生破坏海洋生态环境影响等相关违规行为，将由海洋行政主管部门依法进行处罚。

5.4.3.2 《渔山列岛国家级海洋生态特别保护区保护和利用管理暂行办法》

《暂行办法》从"限建、限人、限捕、限采、限钓"五限入手，明确了具体管理要求，共分 6 章 25 条。

《暂行办法》施行后，保护区内建设项目须征得保护区管理局同意。保护区内建设项目的选址、布局、建设规模等，应当符合保护区总体规划和详细规划。

值得注意的是，《暂行办法》对上岛人数总量进行控制。控制初期要求，日接待游客人数不得超过 500 人次（不包括区内常住人口）。

此外，海洋捕捞渔船不得超过 40 艘、总功率不得超过 15 000 千瓦。保护区内从事渔业捕捞活动的海洋捕捞渔船实行捕捞许可制度。贝藻类等资源实行计划采捕，限时限量限区域采捕。

《暂行办法》同时限钓。要求海钓特许经营、海钓活动公司化管理。控制初期要求，从事矶钓的海钓船数量不超过 25 艘，日接纳海钓人员不超过 150 人次；海钓人员每人每天海钓渔获物总量不超过 15 千克（单尾例外）；海钓渔获物限定最低可捕标准。

《暂行办法》的出台实施，将有效地控制岛上的开发建设活动，有利于促进海洋生态环境与海洋渔业资源的有效保护和恢复，有利于促进国家级海洋保护区规范化管理，从而促进海洋和海岛资源可持续发展。

5.4.4 渔山列岛国家级海洋生态特别保护区的成功经验

5.4.4.1 健全管理机构，强化统筹协调

海洋保护区建设项目涉及多个部门，协调难度大。为更有效开展海洋保护区的管理工作，渔山列岛海洋保护区成立了专门的海洋保护区管理局。整个海洋保护区管理工作以海洋保护区管理局为主导，协调海洋、国土、林业、交通、水利、旅游、环保等多个部门，理顺了各涉岛管理部门的职责，形成了统一的管理机制，统筹协调海洋公园项目开发与管理。

5.4.4.2 加强环境监测和预警，强化建设项目监管

为强化保护区环境保护监测工作，渔山列岛计划将海洋环境监测纳入政府海洋环境监测总体方案，定期对所辖范围内的海洋环境进行监视监测，及时掌握海洋环境动态。同时严格把关保护区内建设项目，符合保护区总体规划的建设项目需要进行严格的海洋工程环境影响评价和海域使用论证，切实防范海洋工程对环境和生态的破坏。

5.4.4.3 坚持海岛原生态开发原则，美化海岛环境

以《中华人民共和国海岛保护法》为基础，定期开展海岛环境整治。严格把关基础设施建设项目，任何活动以不破坏海岛自然地貌、不影响景观和不随意改变自然岸线为原则，减少永久性构筑物的建设，坚持原生态开发。

5.4.4.4 执行资源有偿使用制度，推进海洋牧场建设

为提高海洋生态承载力，杜绝贝藻资源承受的滥采滥捕现象，严格执行资源限额采捕和有偿使用制度，并坚持推行人工鱼礁和增殖放流活动，提高附近海域生物资源的丰度和生物多样性，有效保护保护区海域海洋生态系统。

第6章　浙江省海洋生态文明示范区建设

6.1　浙江省海洋生态文明示范区发展现状

浙江省积极响应国家号召，加快推进海洋生态文明建设，积极创建国家级海洋生态文明示范区。目前，浙江省共有嵊泗县、象山县、玉环市和温州市洞头区申报成功，成为国家级海洋生态文明示范区。4 个市、县、区海洋生态文明示范区的成功创建为全省沿海市、县、区的发展起到了引领示范作用。

6.1.1　浙江省海洋生态文明示范区概况

6.1.1.1　嵊泗县国家级海洋生态文明示范区

嵊泗地处我国 1.8 万千米海岸线的中心，有着广阔的海域面积和丰富的海洋资源，是国务院批准的全国唯一的列岛型国家风景名胜区。被誉为"东海鱼仓""海上牧场""贻贝之乡"。嵊泗区位条件得天独厚，自然环境壮观优美，人文环境和谐淳美，同时在其他方面更是亮点纷呈。

1）海洋保护欣欣向荣

2005 年浙江嵊泗马鞍列岛海洋特别保护区挂牌成立。为了保证海洋特别保护区建设，促进资源保护和可持续发展，浙江嵊泗马鞍列岛海洋特别保护区共分为马鞍列岛海洋生态保护区、马鞍列岛无人岛岛礁资源保护区、马鞍列岛珍稀濒危生物保护区等 10 个功能区。海洋特别保护区的建立保护了许多珍稀濒危海洋生物物种，对海洋生物多样性和生态系统的保护发挥了重要作用，是嵊泗县海洋生物多样性保护发展的一个历史性起点。

2014 年 12 月，在海洋保护区的基础上建立的马鞍列岛国家级海洋公园获批。海洋公园的建设符合国家倡导的"以海制海，以海养海"的理念。把海洋公园和海洋生态文明示范区做出一种特色，形成海洋生态文明示范区和海洋公园联动的发展模式，是一种有益的探索与创新，对于全国海洋生态资源的保护与可持续发展具有示范作用。

2）碳汇渔业方兴未艾

嵊泗县为积极响应国家倡导的"绿色经济、低碳经济和循环经济"理念，通过以贝藻养殖的模式发展碳汇渔业并以此形成新的经济增长点，成为发展绿色的、低碳的新兴产业示范。2011 年，嵊泗县创建了 0.13 平方千米碳汇渔业示范基地，在养殖贻贝的同时套养龙须菜及裙带菜，成为大型藻场建设的先行示范，并取得了成功。2012 年在马鞍列岛海洋特别保护区进行面积 0.67 平方千米的大型海藻场建设，通过移植海带、龙须菜等大型海藻，达到有效修复海洋生态环境的目的。碳汇渔业的发展不但可整合自然优势资源，也可推动鱼、虾、贝、藻等种类生态养殖新格局的形成。

3）封礁育贝成果丰硕

封礁育贝是嵊泗县保护海洋资源，促进海洋资源自然修复的一项成功的科学实践。通过对全县岛礁实行封礁两年，配备相应的设施和人员从事岛礁资源保护工作。经过两年的努力，岛礁渔业资源恢复效果明显，鱼类、贝类资源大幅增加，对浙江省乃至全国的渔业资源恢复起到了引领示范作用。

4）生态旅游蓬勃发展

嵊泗海域辽阔，岛礁棋布，岬角礁岩众多，金色沙滩连绵亘长，具有海瀚、礁美、滩佳、石奇、洞幽、崖险等特点。有被誉为"南方北戴河""中国夏威夷"的基湖沙滩；有建设于 1870 年的亚洲第二大灯塔；有彰显悠久海岛文化的"海阔天空""中流砥柱"的明清时代题刻。丰富的海洋资源成为海洋旅游业发展的重要元素之一。另外，为了创造更具特色的生态旅游，提升生态旅游品质，2015 年嵊泗县实施了"4+1"产业融合工程，包括体现"文旅融合"的开游节、东海带鱼等特色节庆活动；表现"体旅融合"的国际公路自行车赛等运动赛事；凸显"商旅融合"的基湖文创街等商业旅游项目；代表"渔旅融合"的精品渔家乐等饮食旅游项目以及彰显"创意旅游"的海岛旅游创意基地等均为嵊泗创建"中国海岛旅游典范"打下了坚实的基础，进而也为海洋生态文明建设创造了良好的条件。

5）海洋文化多姿多彩

海洋文化是嵊泗海洋生态文明的闪光点，有古老绚丽的渔文化、神秘奇特的船饰文化、历史悠久的石刻文化及多姿多彩的渔民画等。清沙渔俗风情馆展示了嵊泗的渔船、渔网变迁及渔民生活劳作的变迁，具有很高的观赏和考证价值；嵊泗的船饰文化以鱼类和渔船的形象为装饰艺术的主体，体现了嵊泗海洋渔文化浓郁的地方特色；石刻文化是嵊泗海岛古文化的重要组成部分，至今已发现的明清两代摩崖石刻和题记近 20 处，最有名的石刻是抗倭将领都督侯继高于明万历十八年（1590 年）在枸杞岛西里岗墩天生古石碑上所题刻的"山海奇观"题词及碑文；嵊泗渔民画反映了渔民的生活、梦幻和古老神秘的大海世界，从不同角度反映了现代渔村新气象，展示多姿多彩的劳动和生活场景，成为展示海洋文化的一个窗口。

彰显嵊泗人民智慧的渔用绳索结、嵊泗渔歌、嵊泗渔民服饰和嵊泗海洋动物故事已被列入省级海洋非物质文化遗产名录。

6.1.1.2 象山县国家级海洋生态文明示范区

象山县地处浙江中部沿海，位于宁波、舟山和台州交会处，连接长三角经济区和海西经济区，三面环海，是半岛型海洋大县，自然环境良好，区位条件优越。象山县高度重视海洋生态环境保护和建设，积极创导和推进海洋生态文明建设，逐步使象山成为海洋资源丰富、经济发达、生态环境良好、风景优美、舒适宜居、人与自然和谐相处的典型海洋生态文明县，并逐步成为宁波、杭州和上海等大都市的后花园。近年来，象山在海洋生态文明建设方面成绩凸显。

1）海洋产业发展势头强劲

象山县海洋优势产业突出，其中包括滨海旅游业、现代渔业、港航服务和临港工业等。滨海旅游业蓬勃发展，拥有 AAAA 级景区 3 家，年接待游客 830 万人次，荣获"中国最佳休闲旅游县"称号，2008 年成功跻身"浙江省旅游经济强县"。海鲜餐饮业享誉长三角，被授予"中国海鲜之都""中国梭子蟹之乡"称号。石浦水产品加工园区获"中国水产食品加工基地"，中国水产城进入国家级农业龙头企业行列。港航服务业蒸蒸日上，以船舶制造业为主体的临港工业发展迅猛。

2）生态环境得天独厚

象山生态环境优美，山、水、海相融相映，全县森林覆盖率达 58%，拥有韭山列岛国家级自然保护区和渔山列岛国家级海洋生态特别保护区，空气质量优良天数常居全省之首。素有"东方不老岛、海山仙子国"和"天然氧吧"之美誉，是全国生态示范区、省级生态县。

3）海洋资源不胜枚举

象山兼具"海、山、滩、涂、岛、礁、湾"资源，组合优势明显。海域面积 6 618 平方千米，大陆及海岛岸线长 925 千米，分别占宁波市的 67.8%、59.2% 和浙江省的 2.5%、13.8%。拥有面积在 500 平方米以上岛屿 452 个，其中有居民海岛 16 个，无居民海岛 436 个。岛屿总面积约 180 平方千米，岛屿数量居全省前列。港口资源良好，可用港口岸线 61.3 千米，其中深水岸线 37.3 千米，可建万吨级以上泊位 128 座。滩涂资源丰富，拥有可围垦面积 1.93 万公顷，具有淤涨型、面积大、完整性好等特点。渔业资源优良，象山港被誉为国家级"大渔池"，石浦港是全国首批六大中心渔港之一。海洋旅游景观 300 多处，主要集中在象山港内和象山县沿岸。此外，还拥有丰富的潮汐能、太阳能、风能等资源及核电选址，清洁能源发展前景良好。

4）生态文明意识浓厚

象山六千年以海为伴，形成了渔文化、海商文化、盐文化、养生文化等灿烂的海洋文化，海洋文化建设成果丰硕。近些年打造出"中国开渔节"、"三月三·踏沙滩"民俗文化节、"国际海钓节"、"海鲜美食节"等知名文化品牌，被授予"中国渔文化之乡"荣誉称号，获国家级非物质文化遗产 6 项。早在 2000 年，象山县 21 位渔老大率先发起了中国渔民"蓝色保护志愿者"行动，旨在呼吁人们保护海洋生态环境，共同促进海洋资源的可持续利用。自1995 年实行伏季休渔期以来，象山县每年举办"中国开渔节"，通过在开渔节上海洋环境保护的广泛宣传,"善待海洋就是善待人类自己"这一宗旨已经深入人心。

6.1.1.3 玉环国家级海洋生态文明示范区

玉环地处浙江省东南部,台州市东南端,东瀕东海,南瀕洞头洋与温州市洞头区相连,西、西北隔乐清湾与温州市乐清市相望,北、东北与温岭市接壤。得天独厚的地理位置,丰富的海洋资源,优美的生态环境成为玉环创建国家级生态文明示范区的良好条件。

1)海洋产业蓬勃发展

玉环依托海洋资源优势和现有产业基础,初步构建起了以海洋新兴产业、海洋服务业和海洋渔业为内容的海洋产业体系。海洋新兴产业初具规模,依托玉环机械制造产业基础和海洋资源优势,以位于沙门、干江、龙溪的东部沿海区域的滨港工业城、干江工业功能区、龙溪工业功能区 3 个功能片区为依托,主攻海洋工程装备及零部件制造、海洋生物和海洋资源利用产业,大力培育海洋新兴产业集群。海洋服务业重点突出,港航物流业主要依托大麦屿天然良港的独特优势,发展集装箱运输支线港,矿石、原油、煤炭等大宗货物集散的中转港,对台往来的台贸港以及港口现代物流中心。滨海旅游业主要依托玉环(漩门湾)水利风景区、大鹿岛省级风景名胜区、坎门渔都风情旅游区、玉环观光农业园(含世界名柚园)等 10 大旅游景区,大力发展了沙雕、邮轮、游艇、海钓、休闲渔业、特色小岛开发等旅游产业。海洋渔业结构优化,形成了以远洋捕捞、水产养殖和水产品加工为支撑的产业体系。

2)基础设施逐步完善

玉环海洋港口体系建设不断加强,大麦屿港升格为一类口岸,成为对台直航港区。渔港建设加大力度,初步形成以中心渔港为中心,一级渔港为骨干,二、三级渔港为补充的渔港体系。沿海公路建设逐步推进,76 省道复线、甬台温沿海高速公路复线乐清湾大桥等重大交通项目顺利建设,"五纵四连三干线"的交通网络体系进一步完善,区域交通状况明显改观。

3)海洋保护日趋加强

玉环加强海洋保护区和人工鱼礁建设;进一步加强了海洋及海岸工程的环境监管和海洋生态环境监测;落实伏季休渔制度,大规模水生生物资源增殖放流实现常态化;完善了海洋环境影响评价和生态补偿机制;加大了无公害养殖产地的认定和管理。

4)管理能力逐步提高

玉环建立海洋管理综合协调机制,严格执行《中华人民共和国海洋环境保护法》《中华人民共和国海域使用管理法》等法律法规,加强了海洋工程的环境监督管理,组织实施《玉环县蓝色屏障行动实施方案》,开展"碧海"专项综合执法行动,对海洋工程、海洋倾废等进行专项检查,加强了海洋环境执法力度。

5)海洋意识日益增强

玉环是国内较早开展海洋科普教育的地区之一。1996 年,玉环专门组织人员编撰《海洋基础知识读本》作为玉环初中课程教材,从孩子开始、教育入手,让海洋观念深入人心,从而有效地带动全民普及海洋知识的热潮,极大地增强了公民的海洋意识。2007 年,浙江省首家民办的龙山民俗博物馆在玉城街道外马村建成,随后,郑高金贝雕艺术馆、黄福兴船模文化展览馆相继建成，充分显示了玉环依海靠海、懂海爱海的浓厚社会氛围。

6.1.1.4 温州市洞头区国家级海洋生态文明示范区

洞头位于浙南沿海瓯江口外，地处长三角地区和海西经济区的交会点，是全国14个海岛县（区）之一。区域范围景、港、渔、涂等海洋资源十分丰富，也是全国唯一以区域命名的国家AAAA级旅游景区。优美的海洋生态环境一向都是洞头最具魅力、最富竞争力的独特优势和战略资源。洞头以建设国际性旅游休闲岛为发展主目标。洞头区坚持"蓝色国土、绿色发展"，着力加快海洋生态经济发展，积极开展环境污染整治、实施海洋生态修复，加大海洋生态保护执法力度，逐步打造一个经济发达、环境优美、舒适宜居、和谐繁荣的海洋生态文明"样板区"，全区经济、社会、环保等各项事业均取得了长足的进步。

1）经济发展势头强劲

浙江海洋经济发展示范区的创建，为洞头发展创造了新机遇，为洞头发挥区位优势和港口、旅游等资源优势，拓展发展空间，发展临港产业，提供了前所未有的广阔空间。洞头作为对台直航口岸之一，并凭借与台湾地理相近、民间贸易源远流长以及产业互补的优势，有利于促进洞头与台湾之间开展临港产业、旅游休闲、现代渔业等方面的合作交流，推动洞头产业转型升级，对台经贸大有可为。

2）港口资源优势突出

洞头港口条件良好，在浙江省沿海地区具有发展临港产业和外向型经济的优越条件。可建万吨级以上泊位深水岸线15千米，多处具备建设5万吨级以上泊位条件。其中，大门岛港区可建30万吨级泊位达4千米，状元岙港区可建15万吨级泊位。

3）人居环境和谐优美

洞头景色美，生态优，气候好，拥有168个岛屿、333.5千米海岸线、七大景区400多个景点，海水、海滩、海岛构成了洞头多彩的海洋风景体系。洞头被列为联合国千年发展目标生态人居实验园区，并且具有优良的海洋生态环境，这是目前洞头吸引外部投资的重要原因，也是洞头优于周边地区的特色之一，给未来洞头的发展提供了良好的生态平台，是建设海洋生态文明的重要支撑。

4）生态保护意识强烈

洞头高度重视海洋生态理念的传播，率先编制生态文明规划，注重普及推广绿色理念。随着海洋环保宣传活动的不断深入，全区海洋生态环保意识不断增强，公众参与环保和海洋生态文明建设的热情高涨。绿色企业、学校、社区和绿色饭店等不断涌现，营造了海洋生态文明建设的良好氛围，使海洋生态文明建设具有了坚实的社会基础。

5）海洋文化底蕴丰厚

洞头的海洋文化内容丰富，包含了民间故事、民俗文化、信仰文化、饮食文化、海防文化等，且具有鲜明的特色。海洋文化传统与当地人们的生产、生活方式紧密结合，使得海洋文化代代传承。

6.1.2　浙江省建设海洋生态文明示范区的意义

1）有利于促进浙江海洋经济发展示范区建设，增强经济发展实力

目前，浙江省正处在经济转型升级的关键时期，海岛资源是浙江海洋经济发展的优势和特色。嵊泗、象山、玉环和洞头是浙江海洋经济发展示范区建设的重要载体，在"一核两翼三圈九区多岛"的总体布局中占有重要地位。同时，加强海洋生态文明建设是浙江海洋经济发展示范区建设的主要任务之一，迫切需要在有条件的海岛县区开展先行先试，积极发挥示范作用。通过海洋生态文明示范区建设，切实解决海洋环境污染和生态破坏的问题，加快培育海洋新兴产业，探索实施海洋综合管理，对于促进浙江海洋经济发展示范区建设具有重要意义。

2）有利于满足城乡居民文化需求，提升社会文明程度

海洋孕育了人类，也是人类文明的摇篮。通过推进海洋生态文明示范区建设，强化公众对海洋自然规律、资源禀赋、生态价值、生态责任等的认识，自觉树立起关爱海洋、保护海洋、善待海洋的意识，自觉践行可持续发展的海洋开发、利用、保护等活动方式，既有利于实现人与海洋和谐相处、协调发展，确保海洋生态系统的良性循环，又有利于满足城乡居民对文化的需求，提升社会文明程度，充分展现浙江海洋特色。

3）有利于推动浙江乃至全国沿海海洋生态文明示范区建设，发挥先行示范作用

浙江省立足于国家级海洋生态文明示范区建设，牢固树立蓝色文明发展理念。强化海洋资源有序开发和生态环境有效保护，切实加强海域污染防治和生态修复，加强海域海岛与海岸带整治修复，积极推进低碳技术和循环经济，促进海洋生态文明建设与经济、社会发展相协调。同时，进一步挖掘和弘扬海洋文化，增强海洋文明意识，促进人海和谐共处，为浙江省建设海洋生态文明示范区探索先进模式。辐射带动周边沿海地区的海洋生态文明示范区建设，为其他沿海省市积累并分享海洋生态文明建设的宝贵经验。

6.2　海洋生态文明示范区建设规划——以浙江省嵊泗县为例

6.2.1　总则

6.2.1.1　规划背景

党的十八大指出，建设生态文明是关系人民福祉、关乎民族未来的长远大计，要把生态文明建设放在突出地位，融入经济建设、政治建设、文化建设、社会建设各方面和全过程。中共中央、国务院下发《关于加快推进生态文明建设的意见》，国家海洋局印发了《海洋生态文明建设实施方案》（2015—2020 年），对海洋生态文明建设进行总体部署安排。浙江省第十三次党代会提出努力建设"富饶秀美、和谐安康"的生态浙江，使全省各地天更蓝、山更绿、水更清、地更净。舟山市委五届八次全会审议通过《中共舟山市委关于推进海洋生态文明建设的实施意见》，提出海洋生态文明建设目标。海洋生态文明建设已成为促进社会、经济、环境协调发展的重中之重，亦是我国打造海洋强国的一块强而有力的文明基石。

作为中国的沿海大省之一，浙江省委、省政府一直高度重视环境保护和生态建设工作，努力探索和谐发展的生态文明之路。2011年，国务院批复了《浙江海洋经济发展示范区规划》，浙江海洋经济发展已上升为国家战略，成为国家海洋经济发展战略和区域发展战略的重要组成部分，这既为推动浙江海洋经济发展提供了新的机遇，也对加快海洋经济发展的同时如何保护海洋生态环境、推进生态文明建设提出了新的要求。继《关于推进生态文明建设的决定》（浙委〔2010〕64号）之后，面对新时期新形势，省委省政府又适时发布了《"811"生态文明建设推进行动方案》（浙委办〔2011〕42号）、《关于加快发展海洋经济的若干意见》（浙委〔2012〕31号），对浙江省海洋经济发展和生态文明建设做出了明确要求和总体部署，海洋生态文明建设正面临着良好的机遇。

随着浙江舟山群岛新区的建立，海洋、海岛综合开发和保护得到了前所未有的重视，国家各项优惠政策均向新区倾斜，资金、人才等各项优势资源也将向新区集聚。嵊泗县作为舟山市下辖的2区2县之一，独特的区位条件、优越的自然资源等优势为嵊泗县的经济和社会发展奠定了坚实的基础，同时嵊泗作为长江经济带和海上丝绸之路的交会区和重要战略支撑点，发展海洋经济优势巨大。嵊泗在发展海洋经济的同时，海洋生态环境保护和建设也成为新常态——积极创导和推进海洋生态文明建设，以"以港兴县、以旅活县、以渔稳县、生态立县"为总战略，以富民强县、社会和谐为根本目的，全力进行海洋生态文明建设，逐步使嵊泗成为海洋资源丰富、经济发达、生态环境良好、风景优美、舒适宜居、人与自然和谐相处的典型海洋生态文明县。

2015年5月25日，习近平总书记在考察舟山新区绿色生态旅游建设时再次指出："绿水青山就是金山银山"。为响应习总书记号召，助力生态新区美丽海岛建设，舟山嵊泗积极行动，多措并举切实做好海洋环境保护，助力美丽海岛建设。

嵊泗积极创建国家级海洋生态文明示范区是对习总书记的号召及国家保护海洋、浙江省委建设"美丽浙江、美好生活"、舟山市委市政府推进生态文明建设等需求的积极响应。2005年马鞍列岛海洋特别保护区挂牌成立，2007年1月嵊泗县被原国家环保总局命名为第五批"国家级生态示范区"，2008年4月被浙江省人民政府命名为首批省级生态县，2014年12月国家级海洋公园的获批为创建海洋生态文明示范区奠定了良好的基础。

6.2.1.2 意义和必要性

1）海洋生态文明示范区建设的意义

（1）有利于加快推进我国生态文明建设。生态文明示范区建设实际上是生态文明建设途径的探索与实践。生态文明建设更加强调和谐理念，对海洋经济示范区的功能、社会经济和生态环境等方面提出了更高的要求，对生态意识和生态文化建设提出了具体的建设内容。当前我国海洋环境形势依然十分严峻，各种累积性环境矛盾尚未完全解决，新的环境压力依然较大，海洋生态系统正遭受着一定程度的破坏。通过海洋生态文明示范区的建设，坚持开发与保护并重，集约利用海洋资源，综合防治陆海污染，开展海洋生态修复及创新机制等，有利于加快推进我国生态文明建设。

（2）有利于实现海洋经济的可持续发展。随着各类开发利用活动的深度和广度不断拓展，海洋开发与生态环境的矛盾日益凸显，应该用生态文明建设的理念、方法协调、缓解经济发展与生态环境间的矛盾，把建设生态文明与加快转变经济发展方式结合起来，有利于破解这一难题，促进经济社会的健康可持续发展。建立嵊泗县国家级海洋生态文明示范区，科学开发利用嵊泗海洋资源，促进嵊泗海洋经济的可持续发展，可以为浙江省乃至全国其他沿海地区的海洋经济科学发展提供示范。

（3）有利于促进浙江海洋经济发展示范区建设。目前，浙江省正处在经济转型升级的关键时期，海岛资源是浙江海洋经济发展的优势和特色。嵊泗是浙江海洋经济发展示范区建设的重要载体，在"一核两翼三圈九区多岛"的总体布局中占有重要地位。同时，加强海洋生态文明建设是浙江海洋经济发展示范区建设的主要任务之一，迫切需要在有条件的海岛县区开展先行先试，积极发挥示范作用。嵊泗通过海洋生态文明示范区建设，切实解决海洋环境污染和生态破坏的问题，加快培育海洋新兴产业，探索实施海洋综合管理，对于促进浙江海洋经济发展示范区建设具有重要意义。

2）海洋生态文明示范区建设的必要性

（1）是保护海洋生态环境的重要手段。海洋生态系统在维护生态安全、抵御海洋灾害、保证滨海旅游业健康发展中发挥着至关重要的关键作用。在经济持续快速发展的同时，海岛和海洋生态环境承载力问题亟须高度重视。因此，为实现海洋生态与海洋经济发展和谐共存，迫切需要建立海洋生态文明示范区这样的保护与开发相协调的管理模式，加强海洋环境保护、改善海洋环境质量、维护海洋生态安全，增强人们珍惜海洋、爱护海洋的生态意识；海洋生态文明建设的理论体系和技术方法是解决海洋资源环境问题的重要手段。

（2）是转变海洋经济发展方式的良好契机。滨海旅游业是嵊泗的支柱产业之一，因此，开展嵊泗县国家级海洋生态文明示范区建设，是嵊泗落实中央关于转变经济发展方式的重要体现，是嵊泗落实关于促进海洋经济发展的重要推手。按照科学发展观的要求，突出嵊泗海洋和海岛特色，找准切入点，集约利用港口岸线、滨海旅游、海岛等海洋资源，科学规划海洋经济发展，着力打造区域经济增长极，推进嵊泗海洋经济发展方式转变和海洋生态文明建设，进而逐步实现我国海岛跨越式发展。

（3）是打造"美丽海岛"的必要条件。海洋生态文明是我国生态文明建设不可或缺的重要组成部分，美丽中国离不开美丽海洋，美丽海洋离不开美丽海岛颗颗璀璨明珠的点缀。坚持把海洋生态环境保护作为嵊泗重要的发展优势，依托海岛的自然禀赋，通过陆域生态的综合治理和海域生态的修复保护，使城乡生产生活环境、自然环境和海岛生态得到持续改善，实现县域生态指标全面优化，打造生态秀美的美丽海岛，有效提升嵊泗作为唯一的国家级列岛风景名胜区这一品牌在国内外的知名度。

（4）是保护珍稀濒危海洋生物的有效保障。嵊泗海域的珍稀濒危动物包括中华白鳍豚、中华鲟等国家一级保护动物和水獭、穿山甲、玳瑁等国家二级保护动物。珍稀动物是全人类共有的宝贵财富，生态系统中物种越丰富，它的创造力就越大。自然界的所有生物都是互相依存，互相制约的。保护生物链，才能更好地维系生态平衡。建设生态文明示范区可以更好地维持生物的多样性，是保护珍稀濒危海洋生物的有效手段。

6.2.1.3 规划范围和期限

1）规划范围

规划范围包括嵊泗县行政区域陆域及海域共 8 824 平方千米。其中，陆域面积 80.76 平方千米，海域面积 8 743.24 平方千米。下设 3 个镇，4 个乡。

2）规划期限

规划基准年为 2014 年，规划期限为 2015—2024 年。

近期：2015—2019 年，经过 5 年努力，基本实现经济社会发展与资源、环境承载力相适应，环境质量提高与改善民生需求相适应，形成具有一定示范效应的生态嵊泗。

远期：2020—2024 年，持续深化海洋生态文明建设，建成生活品质优越、海洋生态经济高效、海洋生态环境健康、海洋生态文化繁荣、海洋体制机制完善，具有示范引领作用的国家级海洋生态文明示范区。

6.2.2 海洋生态文明示范区建设现状分析

6.2.2.1 社会经济状况与海洋产业现状

1）社会经济发展概况

嵊泗是舟山海洋经济发展的重要区域之一。近年来，嵊泗县社会经济发展迅速，县区建设日新月异，海洋经济发展不断取得新突破，综合竞争力显著提升，居民生活水平持续提高（图 6-1）。

经济：2014 年嵊泗县实现地区生产总值 80.24 亿元，按可比价计算，比上年增长 10.1%。第一产业、第二产业、第三产业分别比上年增长 5.7%、13.3% 和 11.0%。全年海洋经济总产出 149.67 亿元，海洋经济增长值 63.81 亿元，海洋经济增加值占 GDP 比重达 79.6%。

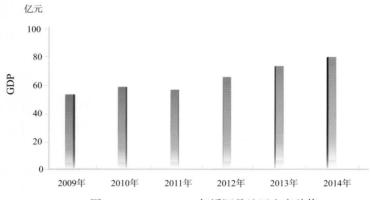

图 6-1 2009—2014 年嵊泗县地区生产总值

人口：2014 年嵊泗县家庭总户数 30 321 户，户籍总人口 77 970 人；计划生育率为 99.3%，同比稍有下降。目前，嵊泗县已全面完成本县户籍人口和 3 026 个外来常住人口的参保登记工作，基本做到社会保障全覆盖。公共安全事故指标继续保持"零增长"，"平安浙江"建设满意率在舟山市范围内排名第一。

科教：2014 年共组织实施科技攻关项目 32 项；知识产权工作扎实推进，共受理专利申请 51 件；全县科研攻关力度持续加强，"等边浅蛤人工育苗技术示范及产业化""海产品蛋白水膜法浓缩提取技术与产业化"等项目被浙江省科技厅列为省级农业科技成果转化资金项目，"出口加工贻贝宣传和追踪技术的研究和示范应用""舟山群岛新区口岸特色海产品残留重金属的监测与污染评价"2 个项目被列为省级公益性项目，"贻贝烘干装置的自动化及节能技术开发""海藻养殖的生态养护功能及栖息地修复技术研究与示范"等 5 个项目被列为市级科技计划项目；2014 年全县共有各类专业技术人员 3 214 人，比上年新增 44 人，其中高级职称新增 7 人，中级职称新增 1 人，初级职称新增 36 人。

文体：全县拥有文化馆 1 个，乡镇文化站 7 个，2014 年全年举办各类文艺活动共计 56 次，摄影、美术、书法等各类展览 5 次，开展送戏下乡 46 场；县公共图书馆藏书 11.17 万册，乡镇文化站藏书 64.5 万册；共计向全县 107 只船头图书箱赠送图书、杂志、音像制品 1.81 万册。2014 年开展全民健身运动 12 次，举办县级体育比赛 17 次；承办浙江舟山群岛新区女子国际公路自行车（嵊泗站）、"嵊山杯"全国海钓邀请赛暨国际矶钓锦标赛等国际性重大赛事，充分展现了嵊泗形象，提升了"离岛·微城·慢生活"的品牌影响力。

2）海洋产业发展现状

嵊泗县产业结构核心和发展重心都是"海"，海洋渔业是第一产业的主体和全县经济的基础产业；第二产业结构较为简单，以临港工业为主；滨海旅游业成为第三产业发展的亮点，在全县经济中起着重要作用。海洋渔业是嵊泗经济发展的着力点。

（1）经济规模不断扩大，产业结构不断优化。

"十二五"以来，全县海洋经济快速发展，总量不断扩大，2005 年全县海洋经济总产出 73.37 亿元，2007 年海洋经济总产出突破 100 亿元，2014 年达到 149.67 亿元，比 2005 年增长 103.9%；占全县 GDP 的比重从 69.0% 上升到 79.6% [包括洋山港和液化天然气 (LNG) 建筑业增加值]，海洋经济已经成为嵊泗国民经济发展的重要支撑。

海洋产业结构进一步优化。根据产业结构演进规律，产业结构的演进大致分为初级（一、二、三）、中级（二、三、一或者二、一、三）、高级（三、二、一）三个阶段。2005 年嵊泗海洋产业结构为 27.2∶51.8∶21.0（二、一、三），已进入产业结构发展的中级阶段；2006—2010 年三次产业结构调整为"二、三、一"仍处于中级阶段，期间第二产业发展较快；2011 年起第三产业迎头赶上，比重逐步超过第二产业，2014 年全县第一、第二、第三产业增加值分别为 20.06 亿元、12.25 亿元和 47.93 亿元，产业结构调整为"三、一、二"，处于中级阶段向高级阶段的发展过程中，逐步向合理化、高级化趋势发展。

（2）海洋渔业转型升级，基础地位巩固提升。

面对海洋资源日益衰退现状，积极实施捕捞"零增长"战略，着力推进渔业结构战略性调整，加快发展现代渔业，为发展海洋经济奠定了坚实的基础。海洋捕捞转型升级示范工程成效明显，全县拖网、涨网、对拖等高耗能作业渔船数量不断减少，2014 年全县捕捞渔船数量 1 668 艘，比 2005 年减少 805 搜。帆布网、拖虾生产有序发展，2013 年产量分别达到 14.27 万吨和 4.57 万吨，成为全县海洋捕捞主要作业方式，分别占水产品总产量的 45.3% 和 14.5%。远洋渔业产量 3 000 吨，比上年增长 3.6 倍，实现远洋渔业产值 2 100 万元，比上年增长 1.9 倍。

海水养殖业积极推进，浙江嵊泗马鞍列岛国家级海洋特别保护区批准成立，厚壳贻贝无公害产品产地双认证获农业农村部确认，"嵊泗贻贝"地理商标注册成功，"蓝海洋"牌大黄鱼等一批水产品通过有机食品认证，海参浅海养殖技术推广顺利，珍品增养殖和碳汇渔业养殖有序发展。2014 年全县养殖面积达到 1 493 公顷，养殖产量 8.26 万吨，占水产品总产量的 24.95%。全县渔业总产值达到 32.81 亿元，比上年增加了 4.9%，基本实现了渔业增效、渔民增收。

（3）涉海工业平稳增长，产业发展初具规模。

全县水产品加工、石材开采、海水淡化等具有海岛特色的工业体系初步形成。2014 年全县工业总产值 25.54 亿元，比上年增长 12.3%。其中，水产品加工业成为嵊泗县海洋工业的龙头，2013 年全县水产品加工业实现工业总产值 13.33 亿元，比上年增长 13.7%，占全部工业总产值的 52.19%。依托嵊泗县特有的海洋石材资源，坚持"合理开发利用"原则，2014 年石材开采业实现产值 2.97 亿元，占工业总产值的 11.63%。海水淡化产业发展迅速，全县拥有 4 座海水淡化厂，日最大供水能力达到 1.4 万吨，在解决嵊泗水资源短缺问题中发挥了重要作用。

（4）港口建设成效显著，涉海交通发展迅速。

"以港兴县"战略深入实施，港口经济快速发展。先后引进并建成了上海港大宗散货海上减载基地；配套宝钢集团的矿石中转作业区；LNG 液化天然气接收站；浙、沪两地跨行政区域联合建设的洋山深水港一、二、三期工程，成为上海国际航运中心、上海自贸区的核心部分。2014 年全年港口货物吞吐量首超亿吨大关，达到 10 005.83 万吨，增长 7.6%，占舟山港的 28.8%。除马迹山矿石中转基地实现货物吞吐量 6 031.52 万吨，减少 3.0% 外，申港石油和绿华散货减载平台货物吞吐量分别增长 52.5% 和 51.8%。年末，全县拥有港口泊位 50 个，其中生产性泊位 43 个，万吨级以上深水泊位 9 个。2014 年，全县海运企业共计 25 家，拥有各种海运船只 169 艘，总吨位 30.43 万吨，载客量 5 222 客，集装箱标准箱位 1 479 标箱。

近年来，嵊泗沿海交通与港口建设齐头并进，水路航线四通八达，与上海、定海、宁波的"海上蓝色"公路便捷通畅，"两小时交通经济圈"基本构建；国内货物运输遍及广州港、福州港、连云港等多个港口，国际上与韩国、俄罗斯、乌克兰等多个国家和地区建立了经贸关系。嵊泗的交通运输业产值已经成为嵊泗经济发展新的增长点。

（5）海洋旅游蓬勃发展，魅力岛城活力四射。

继续深化"以旅活县"战略，加强旅游管理体制机制改革，加快旅游投资项目建设，完善旅游产业体系，创新旅游营销模式，以"美丽海岛建设"为载体，突出"阳光、大海、沙滩、海鲜"旅游特色，积极谋划发展休闲观光旅游、生态旅游，全力打造"离岛·微城·慢生活"的旅游品牌，嵊泗旅游知名度不断提升，现已成为江浙沪地区游客夏季出游的首选目的地之一。2014 年，基湖怡贝湾海景度假村产权式酒店工程、长滩湾海景度假村工程、徐公岛游艇俱乐部工程等旅游重点项目逐渐推进，花鸟岛定制旅游模式取得初步成效，渔家民宿管理更趋规范，精品化、个性化发展意识不断提高。年末全县共有旅行社 21 家；宾馆数 763 家，其中渔家宾馆 675 家；限额以上住宿餐饮业 8 家；限额以上住宿收入 1.15 亿元，比上年增长 12.0%。全年共接待国内外游客 365.41 万人，实现旅游总收入 35.80 亿元，分别比上年增长 16.0% 和 19.0%，增速居舟山市第一。

6.2.2.2 海洋生态环境现状

2014 年嵊泗县海洋环境监测站对所辖海域进行环境监测的结果显示：2014 年嵊泗县近岸海域海水环境质量以第四类 [《海水水质标准》(GB 3097－1997)] 和劣四类水质为主，近岸海域无第一类海水，仅在 10 月出现第二类海水。超过第四类海水水质标准的因子主要为无机氮，主要来源为长江、钱塘江入海径流。近岸海域沉积物质量优良，符合第一类海洋沉积物质量标准 [《海洋沉积物质量》(GB 18668－2002)]。

海洋生物多样性的监测结果显示：2014 年全年共鉴定到浮游植物 24 种，生物多样性指数为 2.51，生境质量等级为一般，优势种为尖刺伪菱形藻、夜光藻和梭角藻等；浮游动物 50 种，生物多样性指数为 3.72，生境质量等级为优良，优势种为中华哲水蚤、肥胖箭虫和背针胸刺水蚤等；大型底栖生物 18 种，生物多样性指数为 2.72，生境质量等级为一般，优势种为纽虫、薄云母蛤和双形拟单指虫等；潮间带生物 18 种，优势种为厚壳贻贝、粒结节滨螺和鳞笠藤壶等。与上年相比，保护区海域水环境质量状况基本不变，沉积物质量稳定；浮游植物种类数量减少而浮游动物种类数量增加，底栖生物和潮间带生物种类数目变化不大。

嵊泗绿岛污水处理厂入海排污口邻近海域的生态环境质量一般；嵊泗列岛风景名胜区、嵊泗滨海旅游度假区环境状况良好；枸杞和绿华两个海水增养殖区环境质量良好，适宜增养殖；嵊泗马鞍列岛国家级海洋特别保护区的环境状况基本能满足功能区环境要求；倾倒活动对嵊泗上川山疏浚物海洋倾倒区的海洋环境影响不大，满足继续倾倒的功能要求。

嵊泗近岸海域共发现赤潮 2 起，赤潮生物基本为无毒的东海原甲藻。全年共发生风暴潮 3 次，灾害性海浪过程 4 次，未发生海洋污染事故。

嵊泗列岛滨海旅游度假区年平均水质指数为 5.0，水质优良；年平均海面状况指数为 3.3，海面状况良好；年平均休闲（观光）活动指数为 3.6，适宜开展各类休闲（观光）活动，尤以开展海上观光、海滨观光、沙滩娱乐和海钓活动为佳（图 6-2）。

图 6-2 嵊泗海洋生态环境现状

6.2.2.3 海洋资源及利用现状

1）旅游资源

嵊泗县拥有大小岛屿631个，其中常住人口百人以上的岛屿13个。嵊泗是我国唯一的国家级列岛风景名胜区，具有海瀚、礁美、滩佳、石奇、洞幽、崖险等特点，海域辽阔，岛礁棋布，岬角礁岩众多，金色沙滩连绵亘长，遍布列岛，碧蓝海水，青秀山色，林木茂密，自然风光独特。岛内人文景观众多，渔乡风情浓郁，加之宜人的气候资源，实为旅游休闲度假理想场所。岛内共有景点50余处，其中一级景点9处。划分为泗礁（包括黄龙等周边岛屿）、花绿（花鸟、绿华）、嵊山枸杞、洋山4个景区。泗礁景区以本岛泗礁岛为主，以连绵亘长的碧海金沙见优，其中最为著名的是基湖沙滩和南长涂沙滩（图6-3），长度均达到2 000米以上。两大沙滩，一南一北，倚山傍林，滩形优美，沙质细净，宽阔平缓，为国内少有的大型滨海浴场、日光浴及海上运动的理想场所。基湖沙滩被誉为"南方北戴河""中国夏威夷"。

图6-3 嵊泗南长涂沙滩

花绿景区以远东第一大灯塔和雾岛为特色。花鸟灯塔由英国人于1870年建造，是亚洲第二大灯塔（图6-4），是远东和中国沿线南北航线进入上海港的重要航行标志。

枸杞—嵊山景区位于嵊泗列岛最东部，以渔港风情、悬崖峭壁、海上牧场、渔村风俗为主，石刻"山海奇观"出自明朝将领侯继高的手迹，堪称书法精品。

洋山景区位于嵊泗列岛西部，由83个小岛礁组成，因路崎岖不平，故名崎岖列岛，为国家级风景名胜区。景区内裸石露岩遍布，怪石奇礁横生，摩崖题刻众多，有"海阔天空""中流砥柱""群贤毕至"等明清时代题刻。

图 6-4　嵊泗花鸟灯塔

2）港口航运资源

嵊泗是宁波－舟山港的重要组合港,更是上海国际航运中心的核心港区,主要有洋山港区、泗礁港区和绿华山港区。

洋山港区：位于杭州湾入海口,长江与钱塘江交汇处,在嵊泗列岛的西南,通过 32.5 千米的东海大桥与上海连接。距泗礁 22 海里,地理概位坐标为 30°38′N、122°03′E,港区由大洋山和小洋山岛为主的南、北两列岛链及周边水域构成。

泗礁港区：位于嵊泗列岛的中部,地理概位坐标为 30°40′42″N、122°29′25″E,港区距洋山深水港约 20 海里,距上海吴淞口约 60 海里,距北仑港约 65 海里。泗礁港区由泗礁岛,大、小黄龙岛等诸岛及周边海域组成。

绿华山港区：位于嵊泗列岛东北,濒临长江入海口,地理概位坐标为 30°38′49″N、122°38′E。距泗礁 12 海里,距洋山深水港约 30 海里,水路至长江引水锚地 10 海里,至上海吴淞口 65 海里,南距北仑港约 80 海里。绿华山港区扼长江口之门户,是上海港北美航线和跨太平洋航线的必经之地。

嵊泗海区目前已开发的深水锚地有马迹山锚地、绿华山锚地、嵊山锚地和洋山港区锚地等,均为水深 15 ～ 20 米以上的大型船舶锚地。

3）海洋生物资源

嵊泗是全国十大重点渔业县之一,地处著名的舟山渔场中心,水产品资源丰富,被称为"东海鱼仓"和"海上牧场"。

嵊泗海域岛屿众多，适合海藻生长发育的生境多样，大型底栖海藻主要为鼠尾藻、裙带藻、羊栖菜、铜藻等。海藻场为鱼类提供了栖息和摄食场所，因此，该海域渔业资源十分丰富，主要有褐菖鲉、小黄鱼、海鳗、黄姑鱼、叫姑鱼、梅童鱼、牙鲆等鱼类 210 种，中国毛虾、日本毛虾、中华管鞭虾、安氏毛虾、三疣梭子蟹、远海梭子蟹、红星梭子蟹等虾蟹类 34 种，此外还有乌贼、鱿鱼、章鱼、厚壳贻贝、紫贻贝、荔枝螺、日本菊花螺、彩虹明樱蛤、毛蚶、青蚶等软体及甲壳类生物。珍稀濒危动物包括中华白鳍豚、中华鲟等国家一级保护动物，水獭、穿山甲、玳瑁等国家二级保护动物。

4）动植物资源

嵊泗列岛的植被可分为天然植被和人工植被两大类。海岛植被总面积 4 115 公顷，植被覆盖率为 60.5%。针叶林是海岛植被的主体，森林植被的核心，共有 2 770 公顷，占海岛总面积的 40.7%，占天然植被面积的 73.2% 左右。其中黑松林最多，杉木林次之，主要分布在泗礁岛、枸杞岛、黄龙岛、花鸟岛和大洋山岛。阔叶林面积仅 8 公顷，主要有麻栎林和苦槠林 2 种，零星分布在驻地部队营房周围山脚下。竹林面积 40 公顷，分布集中在白节山。各岛的草丛分布极为普遍，从东到西均有分布，总面积达 964 公顷，仅次于针叶林。滨海沙生植被分布在沙滩上。栽培植被有经济林植被、果园植被和作物植被，种植面积分别为 4 公顷、13.6 公顷和 311 公顷。

陆上动物主要为禽类和昆虫类。据明《（天启）舟山志》载，嘉靖年间曾捕获大白鹿。曾猴类甚多，今已绝迹。现嵊泗兽类只有鼠类、黄鼬、蝙蝠、水獭等。

5）滩涂资源

由于嵊泗县地处长江、钱塘江、甬江入海交汇处，大量泥沙入海，回旋淤积于各岛屿缓流处，逐渐形成浅海滩涂。嵊泗县浅海面积大，滩涂资源达到 13.41 平方千米（理论基准面以上）。

6）矿产资源

嵊泗县位于闽浙火山活动带的东北端，岩浆活动强烈，广泛发育燕山期侵入岩，其次为晚侏罗纪火山岩，沉积岩很少，不及陆地总面积的 2%。县内主要矿产资源为普通建筑石料——花岗岩，资源储量丰富，地理位置便利。大洋山大梅山有花岗石储量 2 亿立方米，石质坚硬，色泽斑斓，花岗岩结晶颗粒较粗，呈块状构造；大洋山还有少量的黏土资源。

花岗岩：嵊泗列岛处于华南褶皱系的次级构造单元新昌—定海—花鸟山断隆的东北部边缘，是浙东天台山脉向东北延伸沉陷入海的外露部分，陆域大多为燕山晚期形成的钾长花岗岩、花岗石，山地高度一般在几十米到一二百米，山体土层瘠薄且多露岩，各岛蕴藏大量花岗石，尤以大洋岛、小洋岛和黄龙岛为最富。各岛有大量的花岗石风化石可加工成海砂资源。

海砂：泗礁岛海砂资源丰富，砂质坚硬洁净，仅泗礁基湖沙滩、高长湾沙滩和马关南长涂沙滩海砂储量就有 9 万立方米。

黏土： 在泗礁岛储有少量的黏土资源。

铁矿： 在泗礁岛的马关石柱储有少量的铁矿石。

其他矿产： 在泗礁岛东侧的绿华岛周围海域一带储存有大量的石油天然气；在金鸡岛海域有长江古河道地下水通过，储量巨大。

7）清洁能源

嵊泗县拥有丰富的风能、潮汐能、波浪能和潮流能等资源，丰富的新能源是嵊泗经济发展的未来保障。

风能： 泗礁和嵊山的风能密度均为 0.327 千瓦/平方米，年有效风时频率分别为 88% 和 90%。年均有效风能泗礁为 2 522.3 千瓦·时/平方米，嵊山达 3 379.4 千瓦·时/平方米。从世界总风能资源看，嵊泗属风能极丰富区，开展和扩大风能资源的开发利用具有很大的实际价值。

潮汐能： 嵊泗海域潮汐能资源丰富，分布区域广。据调查，全县可供选择建设潮汐电站的坝址有 14 处，可开发装机容量为 0.95 万千瓦，年可发电量达 0.19 亿千瓦·时。

波浪能和潮流能： 嵊泗海区冬季常受冷空气大风影响，夏秋季常受台风袭击，且都有较长的风区，是我国沿海波浪较大的区域之一。绿华、嵊山等一带海区都是著名的大浪区，嵊山区段波浪能理论功率 45.61 万千瓦，占浙江省理论功率 210.05 万千瓦的 21.7%，年平均能流密度 2.76 千瓦/平方米。嵊泗海域潮流能资源相对贫乏，据对舟山市 39 处水道的潮流能资源统计，理论功率为 481.39 万千瓦，其中嵊泗海区为 28.66 万千瓦，占全市的 6%。

6.2.2.4　海洋生态文明建设现状

1）环境保护行动有力夯实

嵊泗县委、县政府高度重视区域生态建设，2014 年开始推行"五水共治"工作，当年即完成"五水共治"投资 9 093 万元，占全年计划的 102.23%。在治污水方面，以城镇生活污染治理和渔农村生活污水治理为重点，完成渔农村生活污水治理村 13 个，新增受益渔农户 2 728 户，改造渔农户 2 163 户；完成嵊泗泽成医用有限公司含汞温度计落后产能 1 100 万支淘汰任务；完成洋山污水处理厂建设及配套污水管网建设 1.5 千米；完成嵊山污水处理厂主体工程和嵊泗绿岛污水处理厂提标改造工程；完成畜禽养殖禁、限区划分及小规模养殖场治理任务。防洪水、排涝水方面，完成城区东市街排水管网及强排水泵维修改造工程；完成石柱海塘、三大王海塘和圣姑海塘的安全鉴定评估；完成长弄堂水库、金鸡岙水库的安全鉴定评估；完成雨水管网新建、排水管网提标改造和清淤排水管网工程任务。保供水方面，完成主要城镇水厂及供水管网建设，菜园海水淡化厂一期、三期、四期改造工程、枸杞海水淡化二期工程、嵊山大玉湾水厂工程已全部完工投入运行，新建或改造供水管网 10 千米；开展饮用水源地保护，饮用水源地水质达标率达到 100%。抓节水方面，完成节水器具改造 600 件，改造一户一表 2 000 户；开展雨水收集示范利用工程建设，完成雨水综合利用 20 处示范工程的建设任务。

2010 年来，嵊泗县投入 5 826 万元建设"再造绿岛"工程、菜园镇垃圾填埋场二期工程、东海渔村风貌综合改造工程、生态廊道和城镇景观林建设工程、规范合格饮用水源保护区创建工程、近岸海域增殖放流工程等海岛生态保护工程 28 项。结合"渔村环境五整治一提高"工程，完成了石柱、高场湾、雄洋等一大批渔农村污水处理工程及嵊山箱子岙污水处理工程，城乡环保基础设施建设大踏步推进，渔农村生态环境质量进一步提高。

在 2014 年浙江省环保厅通报的第一季度环境空气质量情况和管理考核预评估结果中，舟山 $PM_{2.5}$ 均值最低，空气质量排名浙江省第一。嵊泗县一季度 $PM_{2.5}$ 平均值为 34 微克／立方米，是浙江省 69 个县级以上城市中唯一一个 $PM_{2.5}$ 平均浓度值低于 35 微克／立方米（一级标准限值）的城市，空气质量评价为优，空气质量最好。此外，嵊泗县生态建设在各领域成效均较为显著——环境控制质量优良率达 98.6%，地表水环境功能区水质达标率达 100%，县城区域环境噪声小于 55 分贝，县城污水集中处理率达 90.14%，城市生活垃圾无害化处理率 100%，初步实现了生态效益、经济效益和社会效益的协调发展，取得了阶段性的成效，这也为嵊泗创建国家级海洋生态文明示范区打下了坚实的基础。

2）产业转型升级稳步推进

近年来，为贯彻落实党的十八大精神，推进海洋生态文明建设，深化新渔农村建设，嵊泗县加大了渔农民技能培训，大力发展现代渔农业，同时重点落实一批生态、高效的现代农渔业基地，不断提高"嵊泗贻贝"品牌影响力。此外，嵊泗县还积极发挥渔农村山水和农俗文化优势，大力发展乡村生态旅游业，打造了一批海洋旅游特色村、渔农家乐精品村（图 6-5）。

图 6-5　嵊泗旅游特色村——东海渔村

3）碳汇渔业发展方兴未艾

碳汇渔业在生物碳汇扩增战略中占有显著地位，在发展低碳经济中具有重要意义和很大的产业潜力。嵊泗县为积极响应国家倡导的"绿色经济、低碳经济和循环经济"理念，通过以贝藻养殖的模式发展碳汇渔业并以此形成新的经济增长点，成为发展绿色的、低碳的新兴产业示范。

自 2011 年起，嵊泗县开始创建碳汇渔业示范基地，在枸杞后头湾和干斜分别创建贝藻套养基地，在养殖贻贝的同时套养龙须菜及裙带菜，试验面积 13 公顷。同时开展了马鞍列岛海洋牧场示范区项目，在枸杞马鞍山周围海域投放藻礁构成 2 座单位藻礁，形成礁区面积 53 公顷。2012 年在马鞍列岛海洋特别保护区开展大型海藻场建设项目，将枸杞后头湾 67 公顷的贻贝养殖区改造成大型海藻场，通过移植海带、龙须菜等大型海藻，来达到有效修复海洋生态环境的目的，同时，也为嵊泗县海藻科研工作搭建平台，不但可整合自然优势资源，也可推动鱼、虾、贝、藻等种类生态养殖新格局的形成。

嵊泗海洋牧场如图 6-6 所示。

图 6-6 嵊泗海洋牧场

嵊泗人工鱼礁建设始于 2005 年年初，礁址位于马鞍列岛东库山、求子山以及上、下三横山周围海域。2014 年 5 月，嵊泗县马鞍列岛海洋牧场示范区二期工程人工鱼礁投放仪式在菜园镇启动（图 6-7），总投资约 750 万元，投放 2 540 个框形混凝土鱼礁礁体，形成 4 座鱼礁堆积群，同时投放 5 000 个适于海藻附着的藻礁礁体，在沿岸潮下带形成长 500 米的海藻藻礁带。此外，嵊泗县还积极推进渔业资源生态修复工程，2015 年安排增殖放流资金 400 万元，增殖放流大黄鱼、曼氏无针乌贼等苗种 2 亿尾（图 6-8）。

嵊泗县人工鱼礁建设项目和海洋牧场示范区项目的实施，在一定程度上改善了嵊泗海域的海洋水域生态环境，保护了产卵场、海底植被及生物多样性，恢复和改善了海洋生态环境，进而改善了海域的渔业资源状况，这也为嵊泗海域发展海上休闲旅游奠定了坚实的基础，为嵊泗渔业的可持续发展提供了科学依据。

图6-7　嵊泗人工鱼礁投放仪式

图6-8　2014年大戢洋海域增殖放流现场

4）封礁育贝成果丰硕

封礁育贝是嵊泗县保护海洋资源，促进海洋资源自然修复的一项成功的科学实践。经过2年的努力，岛礁渔业资源恢复效果明显，鱼类、贝类资源大幅增加，对浙江省乃至全国的渔业资源恢复起到了引领示范作用。

5）专项执法行动成果显著

从2014年起，嵊泗县开展了"一打三整治"专项执法行动（图6-9）。此次专项检查主要针对涉渔"三无"船舶及其他各种非法行为、"船证不符"捕捞渔船和渔业辅助船、违禁渔具的使用进行查处、取缔，分别从陆上重点对渔业船舶建造厂、渔具渔网制造厂、鱼粉加工厂、冲冰、加油点、电脉冲渔具销售及制造点、渔获物投售点等开展一列检查工作，同时深入开展海洋环境污染整治，切实规范渔业正常秩序，保护海洋渔业资源，促进海洋渔业资源可持续发展。截至2015年6月30日，通过全县各乡镇干部的共同努力，相关部门海上执法与陆上监管的积极配合，目前已取缔涉渔"三无"渔船 452 艘，全县"船证不符"渔船 728 艘，其中套牌渔船 411 艘，擅自变更主尺度渔船 82 艘，擅自扩大主机渔船 235 艘。查处各类违法生产经营案件 97 起，抓扣外省渔船 7 艘，需扣减油补渔船 11 艘，没收、销毁禁用及违规渔具 4 364 顶。

图 6-9 2014 年嵊泗县"一打三整治"行动推进会

6）生态旅游品质不断提升

2015 年，嵊泗县实施"4+1"产业融合工程，着力提升旅游产业效应，助力"中国海岛旅游典范"创建工作。工作重心，一是推进"文旅融合"，在打造民宿群落和主题度假酒店及古村落、古街道开发过程中融入海岛特色文化元素，策划举办开游节、东海五渔节等特色节庆活动和"东海谣"文化演艺旅游项目；二是推进"体旅融合"，建设本岛 8 千米和花鸟岛慢行系统，引入专业团队进行运营，举办 2015 年环浙江舟山群岛新区女子国际公路自行车赛（嵊泗站）等大型赛事，打造休闲运动旅游基地；三是推进"商旅融合"，重点打造基湖文创街和商贸旅游综合体项目，对基湖景区主入口广场商业街、南长涂商业街等进行布局；四是推进"渔旅融合"，打造精品渔家乐项目，建设黄沙渔人码头，提升海鲜美食旅游产品，美化亮化海鲜排档、海鲜美食城周边环境；五是推进"创意旅游"，策划海岛旅游创意基地项目和推出嵊泗海岛创意体验之旅等特色产品，建设花鸟"手作一条街"。

7）多彩海洋文化星火传承

海洋文化是嵊泗海洋生态文明的闪光点，各具特色的传统文化成为维系和巩固群体团结和谐、密切社会联系的黏合剂，是嵊泗百姓凝聚力的载体。

（1）古老绚丽的鱼文化。

青沙渔俗风情馆是嵊泗县唯一一处集船模展厅、贝壳海藻鱼类标本展厅、绳结网具展厅、渔民生活类展厅等展示渔民风俗风情于一体的场所，共有船模 8 只、贝壳海藻鱼类标本 600多件、绳结 60 多种、网具 10 多种、渔民生活器具 50 多种（图 6-10）。对于了解嵊泗的渔船、渔网变迁及渔民生活劳作的变迁具有很高的观赏和考证价值。

图 6-10　嵊泗青沙渔俗风情馆

（2）神秘奇特的船饰文化。

船饰文化，是人类向海洋进军，冲破大自然的束缚，以取得海上自由的象征，是海洋渔文化的宝贵档案。嵊泗的船饰文化，主要是以鱼类和渔船的形象为装饰艺术的主体，既是舟山海洋鱼文化的一个重要组成部分，又体现了嵊泗海洋渔文化浓郁的地方特色。

自从出现船舶后，船饰文化也应运而生。渔船、船角、船眼、船魂、船神龛、船旗还有船饰画经过人们不断的修饰和装饰，更加反映出人们征服海洋和祈求平安丰收的愿望，也体现出乐善好施的渔民的阳刚之美。

（3）历史悠久的石刻文化。

石刻文化，是嵊泗海岛古文化的重要组成部分，至今已发现的明清两代摩崖石刻和题记近 20 处，且大多数是明代抗倭将领巡海督汛时登岛所题刻。

在嵊泗海岛，迄今发现的历史最早的石刻是明嘉靖三十二年（1553 年）夏，抗倭将领李楷在小洋岛观音山峭壁所题的"倚剑"。而最有名的石刻是明万历十八年（1590 年）春，抗倭将领、都督侯继高在枸杞岛西里岗墩天生古石碑上所题刻的"山海奇观"题词及碑文（图 6-11）。

图 6-11　嵊泗"山海奇观"石刻

（4）多姿多彩的渔民画。

嵊泗渔民画是 20 世纪 80 年代中期发展起来的民间画种，作者都是没有经过专业训练的海岛居民。画面反映了渔民的生活、梦幻和古老神秘的大海世界，从不同角度反映了现代渔村新气象；在表现手法上，以装饰画为基调，采用夸张、变形的表现形式，展示多姿多彩的劳动和生活场景，成为展示海洋文化的一个窗口。

嵊泗县早在 2005 年就开始对全县非物质文化遗产进行普查，经过长期、大量的工作，把最具海岛特色、体现海岛底蕴的项目提炼，编撰成"县级非物质文化遗产大观卷"，并把乡镇卷和县级大观作为一套海洋文化丛书——《列岛遗风》共 8 卷编辑出版。后经普查和逐级申报，嵊泗列岛海洋非物质文化遗产进入省级非遗名录收录的有 4 个，分别为渔用绳索结、嵊泗渔歌（图 6-12）、嵊泗渔民服饰和嵊泗海洋动物故事。此外，嵊泗县还积极开展对"非遗"项目传承人的认定和保护工作以及传承推广工作，刘有九、金德章被浙江省文化厅评为省级"非遗"项目传承人。

图 6-12　嵊泗"非遗"项目——嵊泗渔歌

6.2.2.5　海洋管理与保障能力现状

嵊泗县委、县政府高度重视海洋工作，创新用海审批机制，严格海域生态环境监控，积极开展渔业转型升级，长期增殖放流海洋生物幼苗，严格执行伏季休渔和封礁育岛恢复海洋生物资源，建立和完善海域工程项目验收、渔业安全生产防护培训、海域海岛执法检查制度等各项措施。

嵊泗县海洋与渔业局为县政府重要部门，专门设立派出机构、下属机构和内设机构 3 个分支。派出机构包括洋山分局和嵊山分局 2 个部门；下属机构包括县渔政渔港监督管理站、县海洋与渔业执法大队、县渔业船舶检验站、县渔业技术推广站、县渔业经营管理指导站、县渔港管理办公室、县海洋与渔业信息中心和县执法船队，共 8 个部门；内设机构包括政策法规科、海域管理科、渔业科、计划财务科、组织人事科、资源环保科、行政审批科，共7个部门。这些部门协同合作，采取有力措施，强化海洋保护管理，不断提高执法效能，严格落实海洋功能区划、海域使用项目审核、海洋捕捞准入、休渔期、禁渔区等制度，有效保护了嵊泗县的海洋生态资源。

嵊泗县海洋与渔业局对所辖的无居民海岛进行海岛保护巡航执法检查；多措并举积极落实海岸线巡查工作。做到定期巡查和重点巡查相结合、陆上检查和海上检查相结合、宣传教育和监督检查相结合。实施网格化巡防制度，进一步提升综合防控水平。针对高耗能、高污染和资源消耗型涉海建设项目严格把关，构建空间、总量、项目准入"三位一体"和专家评估、公众评价相结合的环境准入机制，实现全过程环境监管。2014年以来，嵊泗县已成功放流海蜇幼苗4 160万头，鱼苗共计153.37万尾（真鲷39.82万尾、黑鲷71.21万尾、大黄鱼42.34万尾），开展资源保护行动13次，查处违规渔船3艘；开展地笼网专项整治行动1次，查获销毁地笼网8顶。嵊泗县海洋工程跟踪监测率、海洋工程监管率、围填海项目听证率、海洋生态补偿资金执行率全部达到100%。

6.2.2.6 有利条件与限制因素分析

1）示范区建设的有利条件

（1）海洋经济发展势头强劲。

嵊泗县位于我国贸易及运输最繁忙的南北海运和长江水运T形枢纽点上，集"黄金海岸"和"黄金水道"的区位优势于一体（图6-13）。随着东海大桥的建成，嵊泗已融入上海、杭州两小时经济圈，成为"长三角"打造亚太地区重要国际门户的前端。嵊泗县群岛环抱，水深浪小，不淤不冻，建港条件十分优越。其深水岸段有9处，总长46.5千米，水深15米以上岸线36.5千米，水深20米以上岸线10千米，锚地10处，10万吨级锚地5个，30万吨级锚地3个。其优越的建港条件已被充分认可和利用，目前已建设开发5大港口项目：上海国际航运中心洋山深水港、上海宝钢集团马迹山矿砂中转码头、绿华散货减载平台、上海液化天然气（LNG）接收站、洋山申港石油储运基地。由此可见，嵊泗县区位优势明显，是建设大宗散货中转港的理想港址，是发展江海联运，对接长江黄金水道的最佳平台。

（2）海洋资源利用科学有序。

嵊泗县地处舟山渔场中心，水产品资源丰富，被称为"东海鱼仓"和"海上牧场"，其中鱼虾蟹类种类繁多，珍稀濒危动物在此聚集。概而言之，嵊泗县具有独特的"港、景、渔、礁"等海洋资源，这些资源均得到了科学有序的利用。

在海洋资源的开发利用上，嵊泗县始终坚持科学发展观的要求，严格按海洋功能区划实施围填海工程，围填海项目利用率达100%。积极实施海岛自然岸线保护和海洋生态修复，自然岸线保有率80.4%。县政府严格实施渔业捕捞"双控"制度，近海渔业捕捞强度呈现负增长态势，渔船船只数和功率指标数近年来稳步下降。嵊泗县有着全国最大的贻贝养殖基地，产业化开放式养殖面积占养殖面积的99.9%，是实施低碳环保、碳汇渔业的典范。嵊泗列岛旅游资源得天独厚，其中基湖沙滩和南长涂沙滩属于我国少见的大型优质沙滩，在浙江十大最美沙滩中分居第一位和第二位。这些旅游资源均得到了科学有效的保护和有序的利用，实

图 6-13　嵊泗海岛风光

现了嵊泗县海洋经济的可持续发展。

（3）海洋生态保护卓有成效。

近年来，嵊泗县始终坚持开放与保护并重、发展与环境协调的原则，多措并举推进海洋生态保护，为海洋经济发展保驾护航。通过不断加强海洋灾害防御，严格海洋环境监控，全县清洁及较清洁海域占海域面积的 13.3%。海域沉积物质量良好，均符合第一类海洋沉积物质量标准。城镇污水处理率为 90.14%，工业污水直排口达标排放率为 100%。

马鞍列岛国家级海洋特别保护区建设工作成绩斐然，海洋保护区面积占管辖海域面积比例达到 12.69%，近年来已建成海洋牧场示范区 159.846 公顷，共投放人工鱼礁、藻礁13.3 万空立方米，共增殖放流厚壳贻贝、黑鲷、真鲷、赤点石斑鱼等 10 余个品种 7 亿尾（只、粒）。2014 年，嵊泗通过国家生态县考核验收，成为国家级海岛生态县，同年，国家级海洋公园的挂牌也为创建海洋生态文明示范区打下了良好的基础。

（4）海洋文化建设亮点纷呈。

嵊泗列岛，是中国海洋文化的重要发祥地，是海洋文化宝库中一颗璀璨的明珠。嵊泗拥有海洋文化馆、渔民俗馆、海洋科普教育基地等多个涉海公共文化设施并通过开展"非遗"展示，弘扬民俗文化精髓。多次举办"传承海洋文化，呵护蓝色家园"等以蓝色海洋为主题的宣传教育活动，广泛宣传海洋知识，提高公众海洋环保意识。旅游局文广局等多家单位还积极开展国际海钓节、开捕节、海洋文化艺术节等精彩纷呈的各类活动（图 6-14），为提高嵊泗知名度，创建海洋生态文明示范区营造了浓厚的氛围。

图 6-14　嵊泗县开捕节

2）示范区建设的限制因素

嵊泗县全县面积 8 824 平方千米，其中海域面积 8 743.24 平方千米，陆域面积仅 80.76 平方千米；2014 年，嵊泗人口密度为 907 人 / 平方千米，属人口密度较高的地区，是一个土地资源缺乏的海岛县；同时舟山近岸区域带来的污染给嵊泗海洋环境带来一定的压力。

目前嵊泗海洋产业仍处于依靠海洋资源为主的阶段，海洋科技创新能力与海洋经济强县的要求还有差距。嵊泗海洋经济发展在集约型开发、高效率开发、远海开发、环境友好型开发以及环境污染治理方面的技术水平稍有滞后，科研项目中转化为产品或业务化运行系统且直接为海洋经济发展作出贡献的比例还有待提高。此外海洋产业发展资金相对短缺，嵊泗财政资金规模不大，海洋专项资金在财政支出中所占比例不高，海洋开发投融资机制不健全，这在一定程度上影响了海洋项目的开发研究。

6.2.3　指导思想、基本原则和目标

6.2.3.1　指导思想

深入贯彻落实党的十八大、十八届三中全会和习近平总书记系列讲话精神，以"建设美丽浙江、创造美好生活"为总目标，牢固树立尊重自然、顺应自然、保护自然的理念，强化节约优先、保护优先、自然恢复为主的方针，以绿色、循环、低碳发展为途径，以转变发展方式、改善环境质量、创新体制机制为重点，以全民共建共享为基础，大力实施生态文明建设工程。紧紧抓住"长江经济带"和"海上丝绸之路"的历史性机遇，积极融入上海国际航运中心建设，加快改革创新和先试先行步伐，着力构建特色海洋产业体系。努力把嵊泗打造成综合实力较强、核心竞争力突出、空间配置合理、科教体系完善、生态环境良好、体制机制灵活的浙江省海洋生态文明传承与创新引领区和国家海洋生态文明建设示范区。

6.2.3.2 基本原则

生态优先，绿色发展。海洋生态文明建设应优先解决与群众切身利益相关的突出环境问题，改善人居环境，维护人民群众环境效益，增进人民福祉。立足于资源环境承载能力，倡导绿色生活、绿色发展，适当调整发展节奏，优化产业布局，加快转变经济发展方式，促进经济社会可持续发展。

科学规划，统筹协调。充分认识海洋资源的重要性，加强生态环境监管，以生态环境承载力为基础，规范各类资源开发和经济社会活动，防止造成新的人为生态破坏和生物安全问题。坚持治理与保护、建设与管理并重，科学合理开发利用自然资源，促进经济社会发展和生态环境保护协调统一。

因岛制宜，注重保护。突出嵊泗海岛地区特色，立足岛屿自然禀赋差异，科学规划、逐岛定位，强化海岛的适宜性，突出不同海岛的特色。妥善处理好开发与保护的关系，突出重要海岛的集约利用和无居民海岛的有效保护，在满足海岛生态平衡安全的前提下，统筹协调，分阶段、分步骤地实施海岛开发建设，构建人海和谐的发展新格局。

政府主导，公众参与。发挥各级党委、政府在海洋生态文明建设中的组织引导协调推动作用，综合运用法律、经济、技术和必要的行政手段，广泛开展可持续发展理念和海洋生态文化教育，推动企业和社会组织、公众的积极性和创造性，形成党委政府主导、部门分工协作、全社会共同参与的工作格局，鼓励与支持民间团体和社会参与创建海洋生态文明示范区的各项活动。

创新机制，示范引领。注重体制机制创新，着力提高海洋综合管理水平，加大对外开放力度，充分发挥市场配置资源的基础性作用，引导民间资本积极参与海洋经济发展，形成科学、开放、有序、高效的发展环境，不断增强海洋开发的软实力。充分发挥示范区的带动引领作用，力争在海洋生态文明建设方面走在全国前列。

6.2.3.3 建设目标

1）总体目标

通过海洋生态文明示范区的建设，力争使全县海洋经济社会实现持续快速健康发展。到2024年，把嵊泗建设成为海洋经济发达、产业结构优化、生态环境优良、海洋文化繁荣、人海和谐相处、可持续发展的浙江省海洋生态文明传承与创新引领区和国家海洋生态文明建设示范区。

2）具体目标

（1）近期目标（2015—2019年）。

经过5年努力，基本实现经济社会发展与资源、环境承载力相适应，环境质量提高与改善民生需求相适应。加快海洋生态文明建设步伐，至2019年，全面建成惠及全县人民的小康社会，形成具有一定示范效应的生态嵊泗。

海洋经济综合实力显著提升。至2019年，全县地区生产总值达到120亿元，其中海洋生产总值100亿元。海洋产业结构进一步优化，海洋第三产业比重逐渐加大，至2019年海洋第三产业增加值占海洋产业增加值比重达到 55.1%。人民生活水平和品质逐步提高，城镇居民人均可支配收入达到 52 000 元。海洋新兴产业发展速度逐渐加快，至 2019 年海洋战略性新兴产业增加值占海洋产业增加值比重达到 18%。

海洋资源利用更加集约。至 2019 年，海岛单位面积地区生产总值贡献率达 1.77 亿元 / 平方千米，开放式养殖面积占养殖用海面积比重达 100%，近海渔业捕捞强度实现零增长。海域、海岛资源的集约利用能力不断增强，清洁能源利用率进一步提高。

海洋生态环境明显改善。近岸海域第一、第二类海水水质比例及清洁海域面积达到 12%，城镇污水处理率与工业污水直排口达标排放率分别为 92% 和 100%，污染物入海排放得到有效控制。海洋保护区面积占管辖海域面积比率达到 13%，近 5 年区域受损海域修复率达到 11.3%；典型海洋和海岛生态系统获得有效保护与修复，形成良性循环。

海洋文化日益繁荣。海洋文化建设深入推进，海洋意识不断强化，涉海院校和学科建设加快，海洋科技创新体系基本完成，海洋科技创新能力明显提高，建成一批海洋科研、海洋教育、海洋文化基地。

海洋生态文明制度体系不断完善。推进海洋生态文明建设的政策法规体系进一步完善，有效实施示范区生态文明建设考核评价机制，优化要素配置机制，建立完善生态文明建设的部门协调机制和环保区域协调机制。

（2）远期目标（2019—2024 年）。

进一步巩固和提升海洋生态文明建设成果，建成生活品质优越、海洋生态经济高效、海洋生态环境健康、海洋生态文化繁荣、海洋体制机制完善，具有引领作用的国家级海洋生态文明示范区。

到 2024 年，地区生产总值力争突破 180 亿元，城镇人均居民可支配收入预期达到 76 400 元，海洋第三产业增加值占海洋产业增加值比重达到 57.3%，海洋战略新兴产业不断发展，至 2024 年，海洋战略新兴产业占地区生产总值比重达到 22%，实现海岛现代化、产业生态化和社会文明化。近岸海域第一、第二类水质占海域比重达到 20%，海洋保护区面积占管辖海域面积比率达到 15%。海洋经济发展、人民生活质量、海洋生态环境质量和生态文明意识水平全国领先，对海洋生态文明建设发挥先行示范和辐射带动作用。

3）海洋生态文明建设示范区指标体系

海洋生态文明建设示范区指标体系重点反映了海洋经济综合发展水平、海洋资源利用水平、海洋生态保护水平、海洋文化建设水平和海洋管理保障水平。海洋生态文明示范区建设指标体系由 5 大类 23 个指标构成，以衡量嵊泗县海洋生态文明建设的实现程度。建设指标体系见表 6-1。

表 6-1　海洋生态文明示范区建设指标体系

类别		指标名称	指标类型	2014 年现状	2019 年规划值	2024 年规划值
1	区域经济发展	1. 海洋产业增加值占地区生产总值比重	基本指标	79.6%	83.3%	89.3%
		2. 城镇居民人均可支配收入	基本指标	3.71 万元 / 人	5.20 万元 / 人	7.64 万元 / 人
		3. 海洋战略性新兴产业增加值占海洋产业增加值比重	特色指标	16.24%	18%	22%
		4. 海洋第三产业增加值占海洋产业增加值比重	基本指标	52.6%	55.1%	57.3%
2	资源集约利用	5. 单位海岛面积地区生产总值（海岛，B）	基本指标	1.18 亿元 / 平方千米	1.77 亿元 / 平方千米	2.65 亿元 / 平方千米
		6. 单位 GDP 能耗	基本指标	0.42 吨标准煤 / 万元	0.40 吨标准煤 / 万元	0.40 吨标准煤 / 万元
		7. 近海渔业捕捞强度	基本指标	零增长	零增长	零增长
		8. 开放式养殖用海面积占养殖用海面积比重	基本指标	99.9%	100%	100%
3	生态保护建设	9. 海洋保护区面积占管辖海域面积比率	基本指标	12.29%	13%	15%
		10. 自然岸线保有率	基本指标	80.4%	79.3%	78.4%
		11. 近岸受损海域修复率	特色指标	11%	11.3%	12.1%
		12. 近岸海域海水一、二类水质占所辖海域面积比例（X）	基本指标	13.3%	15%	20%
		13. 城镇污水处理率	基本指标	90.14%	92%	95%
		14. 工业污水直排口达标排放率	基本指标	100%	100%	100%
		15. 万元 GDP、化学需氧量（COD_{Cr}）减排幅度	基本指标	8.6%	12%	15%
4	海洋文化培育	16. 海洋文化宣传开展情况	基本指标	完成	完成	完成
		17. 文化事业费占财政总支出的比重	特色指标	2.34%	3%	5%
		18. 海洋科研及教育机构	特色指标	完成	完成	完成
		19. 海洋科技投入占地区海洋产业增加值的比重	基本指标	16.40%	18%	20%

类别		指标名称	指标类型	2014 年现状	2019 年规划值	2024 年规划值
5	保障体系建设	20. 海洋生态文明制度建设	特色指标	健全	健全	健全
		21. 海洋综合管理体系建设	基本指标	完善	完善	完善
		22. 海洋公共服务体系建设	基本指标	健全	健全	健全
		23. 海洋生态文明示范区建设组织领导与推进实施	基本指标	有力	有力	有力

6.2.4 重点建设任务

6.2.4.1 加快产业结构优化与调整，提升海洋经济实力

依据本地区海域和陆域资源禀赋、环境容量和生态承载能力，科学规划产业布局，优化产业结构。积极推广生态农业、生态养殖业，海洋生物资源综合利用、海水淡化与综合利用、节能环保、海洋能开发等海洋新兴产业，发展循环经济和低碳经济，用生态文明理念指导和促进滨海旅游业、海洋文化产业等服务产业的发展。提高海洋工程环境准入标准，提升海洋资源综合利用效率。积极实施宏观调控，综合运用海域使用审批、海洋工程环评审批和工程竣工验收等手段，促进产业结构调整和升级，保障示范区的海洋产业结构和效益优于全国同期平均水平。

1）构建港航物流服务体系

（1）有序推进港口泊位建设。立足资源优势，做大做强三大港区，完善港口产业链。响应国家和浙江省的战略部署，高起点推进洋山申港石油储运三期、舟山马迹山矿石中转码头三期、绿华船舶服务基地及相应配套设施建设。积极与上海相关方合作，加快小洋山北侧围垦工程推进、洋山港四期开发，不断激发洋山区域经济新的增长点。加快推进港口项目开发，近期重点推进马迹山三期项目建设。整合岸线资源，探索实施、分步推进马迹山西北侧、小黄龙等港口泊位建设。

（2）大力发展海洋运输业。依托浙江嵊泗（洋山港）经济开发区建设，拓展集装箱物流服务业、成品油交易业、港区配套服务业等，努力推动形成现代化的洋山港综合型物流园区。大力发展工程运输业，争取并不断扩大马迹山港区、绿华港区货物以及洋山港区集装箱的工程运输运量分配。做好县内企业运力跟进及县外航运企业的引进，引导企业开展集装箱陆上运输业务，巩固并有序扩大全县企业集装箱"穿梭巴士"运输份额。培育航运龙头企业，拓展一程运输市场，实现专业化、特色化、市场化经营。

（3）拓展港航物流配套服务。积极寻求浙沪两省市政府对小洋北侧围垦区、泗礁港区、绿华港区的支持，落实相关配套政策，推进集大宗商品交易平台、港口集疏运体系、金融和

信息支撑系统"三位一体"的港航服务体系建设。依托洋山港区，聚力推进浙江嵊泗（洋山港）经济开发区，有序引进一批国际优秀港口物流公司、物流园区运营公司，优先发展集装箱综合物流、国际分拨与采购、转口贸易、国内配送等增值服务业。

（4）加大港航物流服务支持。理顺港口行政管理和开发体制关系，实施《嵊泗县港口岸线总体规划》，争取成为浙江省港航综合配套改革试点，争取将嵊泗符合条件的物流企业推荐纳入国家发改委和税务总局试点物流企业名单，实行营业税差额征税；支持物流企业列入交通运输部与省政府的交通物流合作示范项目，对该类企业和岛内占地面积较大的物流企业，实行城镇土地使用税相关减免优惠；对港口的码头用地，免征城镇土地使用税。

2）建设特色海洋产业体系

发挥嵊泗战略区位和海洋资源优势，推进海洋海岛综合开发，拓展海洋经济发展的领域和深度，聚力发展滨海旅游业，做优现代渔业，做强临港工业，增强县域经济平稳、可持续发展能力，逐步减弱对投资型增长的依赖，成为浙江海洋经济转型升级的示范区。

（1）聚力发展滨海旅游业。"长三角"地区是我国最大的经济较发达地区，中产阶层数量庞大，对滨海旅游的需求越来越大。以推进国家旅游综合改革试点城市和舟山群岛旅游综合改革试验区建设为契机，加强嵊泗重要滨海旅游区和重大项目的建设，打响全国唯一的列岛型风景名胜区品牌。

（2）做优现代渔业。坚持"保沿岸、控近海、拓远洋、优养殖、强加工、活流通、扶三产"的渔业发展方针，加强嵊山等渔场保护，推动传统渔业向现代渔业转变。培育海洋生物产业，打造海洋药物与生物制品基地。

（3）做强临港工业。结合浙江嵊泗（洋山港）经济开发区等重点区块的规划建设，择优引进一批环保型临港工业项目，增强嵊泗海洋经济的内生增长能力和抗市场风险能力。

（4）加强现代海洋产业扶持。认真贯彻实施《嵊泗县"美丽海岛"建设实施纲要》《嵊泗县列岛色彩规划》《关于进一步加大支持力度 促进小微企业健康发展的实施意见》等规划和意见，积极编制实施《嵊泗休闲度假旅游战略规划》等规划，营造嵊泗良好的海洋经济升级发展规划、政务环境。

3）优化海洋经济空间布局

（1）强化"一中"驱动。"一中"指以菜园镇为核心，以五龙和黄龙两乡为辅的中心区域。本区域重点发展城市服务、港口物流、滨海旅游、现代渔业，完善配套设施，强化驱动能力，打造集海洋产业、旅游集散、海洋科教文化中心、综合配套服务等功能为一体的海洋经济综合发展区。城市服务以行政、金融、商贸、居住为主；港口物流以大宗散货储运、中转、配送为主；滨海旅游以休闲度假、商务旅游为主；现代渔业以休闲渔业、水产品精深加工与贸易为主。

（2）助力"两翼"齐飞。"西翼"包括大小洋山，"东翼"包括嵊山、枸杞和花鸟一镇二乡。"西翼"以现代港航服务业、临港产业、综合配套服务主导功能；"东翼"以现代渔业、滨海旅游为主导功能，培育东西部经济增长极，形成"两翼"生态经济腾飞态势。

（3）推进"三区"集聚。"三区"指洋山港经济开发区、泗礁海洋产业集聚区和嵊泗东部渔业经济产业区。加快推进"三区"集聚，使之成为加快海洋经济发展的主平台。

（4）开发"诸岛"特色。坚持开发与保护并重的原则，按照无人岛和有人岛有机结合，当前开发与中长期开发有序推进的要求，科学合理开发中小岛屿，因地制宜保护一批生态岛，逐步打造一批综合开发岛、港口物流岛、临港工业岛、滨海旅游岛、现代渔业岛和清洁能源岛等特色功能岛。

4）完善海岛基础设施网络

统筹综合交通、能源、水利、信息、防震减灾等基础设施网络，争取中央和省财政加大对嵊泗边远海岛的交通基础设施投入，构建起布局合理、结构优化、城乡共享、海陆一体的现代化海岛基础设施体系，明显改善海岛基础设施条件，全面提高基础设施现代化水平。

（1）构建多式联运蓝色高速交通网。探索建立以海上运输为主、连岛大桥为辅、直升机交通为补充的岛际交通网络。以三大港区集疏运体系建设健全为核心，加快完善陆海联通的对外集疏运体系。加快大洋山南港区开发前期论证，与新区对接上海的连岛通道规划相衔接。提升和完善泗礁及主要经济大岛公路、码头、站场建设，实现 2 000 人以上的海岛一岛一码头，中部、西部、东部主要大岛配齐车客渡码头，健全高效、畅通、优质、节约的水陆交通运输系统，实现泗礁至大陆及主要经济大岛的"蓝色高速"。加快岛际航空发展，提高舟山—嵊泗直升机航线业务量，推进相关配套设施建设。

（2）构建高效环保海岛能源保障网。以清洁能源为重点，构建高效环保的海岛能源保障网，增强能源供给保障，提升大陆向海岛输电能力。稳步推进包括太阳能、风能、潮汐能等的清洁能源综合开发。完善能源输送网络，推进大陆向海岛联网工程和主要大岛变电站、电力建设步伐，实施电力生产基地、农村电网线路改造、农村电网智能化工程，确保海岛安全可靠的电力供给。

（3）构建清洁可靠水资源保障网。以水源保护和海水综合利用为重点，强化全县水资源的统筹管理和优化配置，构建清洁可靠的水资源保障网。加强水源保护建设，严格设立水源保护区。加大本地水资源开发，有序改扩建现有水库，有条件的岛屿逐步实现库库联网，增强水利设施调蓄能力。完善输水网络，加快推进自来水输配送管道敷设工程。加速推进大陆引水工程前期工作，争取大陆引水工程嵊泗供水列入上海市供水规划。

（4）构建先进适用的高速信息与防灾减灾网。以电子口岸、海上通信网络和物联网为重点，实施数字海洋工程，建立海洋海岛空间基础地理信息系统，完善海洋信息服务系统。适度发展微波和卫星通信，作为沿海和海岛地区光缆传输的重要补充和应急手段，提高海上作业和海上救助通信保障水平。探索引进成熟的物联网技术，在三大港区五大项目的航运物流领域应用推广。

制定实施海洋监测和防灾减灾应急能力建设规划，提高灾害综合处理能力。继续抓好"强塘工程"和标准渔港建设，加强季节性避风渔港或港湾维护。加快推进嵊泗防灾减灾中心和海洋气象综合探测基地建设，提高"强塘工程"建设标准和等级，为渔业生产提供安全保障。加强海洋生态监测，防止赤潮、油污等对生态环境的破坏。

6.2.4.2 加强污染物入海排放管控，改善海洋环境质量

近年来，嵊泗在海洋环境保护方面做了大量的工作，嵊泗海域环境质量状况良好，海域水质除无机氮和活性磷酸盐含量超标外，其余各因子均符合第一类海水水质标准。沉积物质量良好，符合第一类海洋沉积物质量标准。为了保持良好的海洋环境，要严格控制污染物入海排放总量，削减氮、磷污染物的排放量，实施陆域控制与海上控制相结合，行政手段控制与技术手段控制相结合，强化海洋环境监管，做到 100% 达标排放。

1）加强污染排放管理，提高资源能源效率

严格执行污染物总量控制制度，提高城市污水处理效率。加快工业废水、生活污水处理设施建设，提高工业废水达标排放率和生活污水处理率。继续推进城乡污水管网及配套工程建设，加强船舶油污水收集管理，加大港口船舶污水收集处理设施建设，提高工业污水直排口达标排放率。有效控制陆源污染物入海排放，逐步健全海洋生态环境监测与预警体系。

加大固体废物的治理力度，提高固体废物的综合利用率。对固体废物的处理做到"减量化、资源化、无害化"。①减少固体废物的产生量，从源头控制，采用先进的生产工艺和设备；②提高固体废物的资源利用率，将固体废物经过加工或直接作为资源回用于生产；③做到固体废物无害化，无论是工业固体废物还是生活垃圾都要进行分类收集，分类管理。按照一般工业固体废物、生活垃圾和危险废物分别进行处理。加强对海上倾倒废物污染、船舶排放污染、海上事故污染以及不合理的海洋开发和海洋工程所造成污染的整治工作。加大废油回收力度，设立渔船废油回收点、海上流动回收船，实行节约型渔业生产，保证周围海域的生态环境。

加强能源资源节约，降低污染排放负荷。鼓励企业开展清洁生产，从产品的整个生命周期进行控制，降低产品的能耗、物耗，提高单位产品循环用水量、工业水重复利用率、间接冷却水循环率、工艺水回用率等指标。鼓励城乡居民使用太阳能、风能等新能源；实施渔船节能降耗工程，推广渔船节能型柴油机、风能与太阳能发电、节油器等设备和技术的应用；积极开发天然气、生物质能等清洁能源。

2）推进区域污染联防，建立生态共保机制

深化陆海污染综合防治。加快实施海陆污染同步监管与防治工程，加强入海排污口环保设施建设和对海岸工程和海洋工程的监督管理，加大对港口作业活动、渔业养殖活动等海洋面源污染的防治力度，严格实行陆源污染规范达标排放制度，做好陆域污染物入海排放源头控制。

建立跨区域海洋生态共保机制。建立与定海、沈家门等周边地区的跨区域海洋污染防治协作和污染应急机制，加强在入海污染源联合监控、海洋环境立体监测、海洋污染协同治理、涉海环境联合执法等领域的深入合作，建立完善海洋生态共建、环境共保的长效机制。

3）加强海洋环境监管，加大环境执法力度

按照功能区水质指标要求，实行污染物排放总量控制，以保证污染防治区内的水质指标符合规定用途的水质标准。严格执行建设项目环境影响评价制度和"三同时"制度，坚持"谁污染谁治理"的原则，切实加大环境监管执行力度，坚决杜绝不符合要求的企业和项目落户。

规范重点行业污染治理，加强水产加工企业、船舶修造企业监督管理，完成全县工业固体废物填埋场建设。深入开展环保专项执法检查和"飞行监测"行动，严厉查处超标排污企业，对严重违法排污企业实施挂牌督办、公开曝光，并将违法信息纳入企业信用管理体系。进一步加强县、乡镇、企业环境应急能力建设，努力消除油库、油管等环境安全隐患，严防环境污染事故和生态灾难的发生。全面建设环境质量自动监测、污染源在线监控系统和环境监控中心体系，积极开展所属海域、主要排污口、海洋开发重点区自动化在线监测，加强风险区域评估、海洋灾害预警预报、海洋环境突发事故应急机制及监测观测机构和设施设备的建设，提高防灾减灾、应对海洋灾害的能力，加快建设一支高素质、规范化的海洋综合执法队伍，提高海上环境事故快速反应和处理能力。

4）提高防灾减灾能力，构建防灾减灾体系

提高对突发污染事故和灾害性天气的预警和应急，进一步完善污染和赤潮应急预案，提高对海洋突发污染事故的应急性，快速形成上下联动、左右配合的机制。加快建设海洋立体监测预报网络体系，将涉海部门的观测站作为基本站，并与舟山市海洋环境监测预报中心联网，建成嵊泗县的海洋环境预报信息平台，形成完整的多级互补的预报、警报体系，提高海浪、风暴潮等海洋灾害预报和警报的时效及准确率。预防和控制灾害对海洋环境造成的污染。

6.2.4.3 加强海洋生态保护与建设，建立海洋生态保护屏障

良好的生态环境是嵊泗在区域竞争中的优势之一。以促进人海和谐发展为目标，围绕建设国际型旅游休闲岛，坚持开发与保护并重，通过合理开发利用和保护海洋资源，加强渔业资源保护与修复；深入推进海洋特别保护区、重要生态功能保护区和海洋公园建设；开展海洋生态修复示范工程；实施推进海洋牧场和人工鱼礁建设工程、人工藻场建设和移殖增殖等一批海洋生态修复工程，建立海洋生态保护的屏障，营造完整的海洋生态系统，恢复海洋渔业资源。

1）加强海洋生态保护和修复

进一步完善马鞍列岛海洋特别保护区的建设，建立健全保护区的规章和制度，完善管理机构，加强保护区管理局执法能力和队伍建设，建设保护区视频监控系统，提高保护区资源管护以及环境监管能力。实施保护区总体规划，加强对保护区内珍稀濒危海洋生物、经济生物物种及其栖息地，具有一定代表性、典型性和特殊保护价值的自然景观、自然生态系统、历史遗迹和海洋权益区的保护。认真落实各项资源环境保护措施，严格规范开发活动。开展保护区内海岛环境整治和生态修复，改善保护区内生态环境，提高生物多样性，逐步恢复保护区资源。

全力建设国家级海洋公园。2014年12月，嵊泗国家级海洋公园正式获批，该海洋公园选划位置为嵊泗马鞍列岛区域，面积549平方千米，其中岛礁面积19平方千米。分为重点保护区、生态与资源恢复区和适度利用区3个功能区，涵盖了马鞍列岛所有岛礁及周围海域，包括花鸟灯塔、万亩贻贝、东海第一桥、山海奇观、东崖绝壁、嵊山渔港等主要景点景区；发展定位为打造生态环保、休闲度假型的国家级海洋公园。

2）推进海洋牧场和人工鱼礁建设

以马鞍列岛海洋特别保护区的资源环境保护为重点，通过海洋牧场和人工鱼礁建设工程、人工藻场建设和移殖增殖等方式，使鱼类栖息地和海洋生态环境得到改善，生态环境恶化和海洋生物多样性下降趋势得到遏制，海域渔业资源得到有效恢复，实现渔业资源可持续利用。

3）发展生态渔业和远洋渔业

设立渔业资源保护区，保护主要经济种类的繁殖区、栖息地和洄游通道。加大渔业资源增殖力度，进一步研究嵊泗近海适宜的增殖品种和放流规模，增加资金投入，扩大放流范围与规模，培育渔业资源，逐步提高渔业产量。

4）统筹推进岸线保护与利用

科学划分港口、工业、生活、旅游和生态岸线，重点开发洋山港、马迹山港、绿华港等深水港区的岸线资源，拟开发岸线和人工填海岸线尽可能保持海陆生态廊道功能；对生活岸线实施景观化改造，利用人工岸线和沿线土地，开发利用与旅游休闲相结合的运动、观景和人文设施。

5）加强无居民海岛生态修复

全县共有 603 个无居民海岛，按照地理区位和资源分别落实无居民海岛的管理措施。遵循"因岛制宜，协调发展，保护优先、适度利用"原则，近期目标是开发一批现代渔业、生态旅游为主的"主题岛"。开发条件不成熟的岛屿要以加强保护和生态修复为主，遏制无居民海岛资源被破坏的现象，建立若干个重要资源保护区域，使无居民海岛的生态环境质量得到改善；远期目标是全面保护和恢复海岛资源和环境，形成无居民海岛资源和环境协调、可持续发展的格局。加强海洋行政监察执法工作，坚决打击各类海洋违法、违规开发活动。

6.2.4.4 培育海洋生态文明意识，树立海洋生态文明理念

海洋生态文化是海洋生态文明建设的核心，将现代生态文化理念融入嵊泗传统海洋文化，丰富嵊泗县文化底蕴的同时提升全县人民的海洋生态文明意识。通过传承复兴传统海洋文化，创新现代海洋文化，普及海洋生态文明宣传教育，深化海洋生态文明示范模式，推行生态优先的决策管理，倡导绿色消费文化和健康生活模式，以完善的生态文明创新机制逐步引导人们的价值取向转向社会的富足与文明，树立科学发展、谋求海洋经济与生态环境相协调的新海洋文化观，建设和谐美丽的新嵊泗。

1）培育生态文明意识，树立生态文明理念

继承和发展传统海洋文化精华，发展具有新时代特征的现代海洋文化，转变单纯以开发、扩展、追求商业利益为目标的传统海洋文化观，树立科学发展观、谋求海洋经济与生态环境相协调的新的海洋文化观。深入开展海洋生态文明宣传教育工作，重点建设海洋保护区、海洋公园等海洋生态环境科普教育基地，发挥新闻媒介的舆论宣传作用。建立完善公众参与机制，鼓励社会各界参与海洋生态文明建设，提高公众投身海洋生态文明建设的自觉性和积极性，营造全社会共同参与海洋生态文明示范区建设的良好氛围，在全社会牢固树立海洋生态文明理念。

2）加强绿色政务建设，树立绿色政府形象

提高各级政府公务人员生态环境保护意识，推行环境友好、生态合理的行政管理和决策方法，完善生态决策机制和重大决策行动试行听证会制度，建立社会舆论监督和信息反馈机制。

3）加强文化设施建设，丰富群众文化生活

加强县、镇的文化基础设施建设，为群众提供各类会展及学习、交流的场所。开展海洋文化节、读书节、贻贝节、开捕节等群众喜闻乐见的文化活动，丰富人们的文化生活。积极传承民间艺术，繁荣文艺创作。做好文化遗产的保护工作，积极组织申报非遗名录。

4）倡导绿色消费文化，推行绿色生活方式

完善生态教育和宣传渠道。从提高公众的文化道德修养和生态意识、改变消费观念等方面入手，激发公众参与生态保护和建设的兴趣，引导生态导向的生产方式和消费行为。开展"环保进社区、进渔村、进企业、进家庭"活动；成立"保护蓝色海洋"青年志愿者协会；改革陈规陋习，培育和养成符合生态建设要求的、实在的生活方式；倡导生态消费。

5）增强海洋科技创新，培养新兴科技人才

加强海洋科技创新平台、海洋科技成果转化平台、海洋经济教育体系和"岛城人才培养"工程建设，构筑嵊泗海洋经济发展的科技、教育和人才支撑体系，有效提升海洋开发水平。

6.2.5 保障措施

海洋生态文明示范区建设是一项跨地区、跨部门、跨行业的综合性系统工程，涉及领域多、涵盖范围广，任务重、要求高，必须加强领导，精心组织，全力推进。

1）加强组织领导

嵊泗县委县政府成立海洋生态文明示范区建设工作领导小组及办公室，负责统筹协调全县海洋生态文明示范区建设各项工作。各部门切实把海洋生态文明建设摆上重要议事日程，建立相应的领导机构，组建工作班子，结合各自工作实际制定具体的实施计划，明确职责分工，落实工作措施，细化目标任务，层层分解落实到具体部门和具体人员。各单位"一把手"作为第一责任人，亲自抓、负总责。领导小组各成员单位共同研究解决推进过程中遇到的新情况、新问题，明确责任主体、时间进度、质量要求，确保海洋生态文明建设各项工作不断得到强有力的推进和深化。

2）创新工作机制

各级、各部门按照分工合作、上下联动的原则，建立和完善海洋生态文明建设的工作责任制，进一步落实部门信息反馈制度、进展督查制度、情况通报制度，为推进生态文明建设提供强有力的制度保障。建立监管网络，在基层环保机构的组织设置、人员配备、资金保障等方面给予优先考虑。要确保海洋生态文明建设专项资金的落实，通过整合一块、新增一块、争取上级支持一块等多种途径积极筹措资金。要进一步加大生态建设资金的投入，创新治污设施建设运营机制，改革价格机制和管理体制，按照"政府引导、市场主导"的原则，实现投资主体多元化、运营主体企业化、运行管理市场化。

3）加大宣传力度

充分利用文化阵地、广播电视、新闻出版、报纸网络和教育机构等媒介的宣传教育能力，编排创作反映海洋生态文明的剧目，增设海洋生态文明建设专题栏目，组织有关海洋生态文明的系列报道，编发海洋生态文明建设工作简报，编写海洋生态文明建设市民手册，制定海洋生态文明建设市民公约，组织海洋生态文明建设、低碳经济等专题报告和讲座，举办各种反映海洋生态文明建设的摄影图片展览、科技成果展览等，对政府机关、学校、企事业单位、科研院所和军队单位进行宣传教育，使海洋生态文明建设观念根植于人们心底，提高民众对海洋生态文明建设的关注力和知情率。

4）强化督查考核

坚持经济效益和环境效益一起考核，将海洋生态文明建设任务纳入领导干部实绩评价中，把海洋生态文明建设的成效作为考核的重要内容，加强海洋生态文明建设动态管理，实行环境考核定期通报，接受新闻媒体监督和社会舆论监督，建立海洋生态文明建设工作奖惩、问责和责任追究制度，对在海洋生态文明建设中做出突出贡献的单位和个人积极给予表彰、奖励，使海洋生态文明建设指标成为促进优化发展的有力杠杆。充分发挥人大代表和政协委员的积极作用，采取执法检查、视察、评议等多种形式，强化对全县海洋生态文明建设工作的检查监督，督促各级各部门有效落实海洋生态文明建设任务，确保工作不折不扣落到实处。

5）推广高新技术

大力引进推广先进适用的科技成果。在清洁生产、生态环境保护、资源综合利用、生态产业等方面，积极开发、引进和推广应用各类新技术、新工艺、新产品。对科技含量较高的生态产业项目和有利于改善生态环境的适用技术，予以享受高新技术产业和先进技术的有关优惠政策。

加强海洋人才培养，推进科技兴海战略。构建开放的人才引进机制，依托国内高校、科研院所和行业龙头企业，加大研发投入，强化海洋人才队伍建设，促进产学研结合，加快建设一批能源类、环保类科技创新载体和服务平台；推进科技创新，加速海洋科技成果转化推广，为海洋开发、保护与管理提供有力的科技与人才保障。

建立海洋生态文明示范区信息网络。加强生态环境资料数据的收集和分析，及时跟踪环境变化趋势，提出对策措施。通过信息网络向国内发布海洋生态文明示范区建设的有关信息，提高国内知名度。

6.2.6　预期效果与效益

6.2.6.1　预期效果

推进海洋生态文明建设是建成"美丽海岛"的必然选择。通过海洋生态文明示范区的建设，不仅能促进全县海洋经济发展方式的转变，优化海洋产业结构，明显壮大海洋经济总量；更是海洋生态经济的宣传站，能辐射和带动一大批绿色产业，提高海洋资源开发利用效率、海洋环境保护效果及海洋综合管理能力。在提高嵊泗县经济实力、改善居民生活质量的同时，能显著改善海洋生态环境。全民的海洋生态文明意识得到提升，促进人海长期和谐共处，最终实现海洋经济的全面、协调和可持续发展，并以点带面，充分发挥浙江省乃至全国海洋生态文明建设的先行示范和辐射带动作用。

6.2.6.2 预期效益

1）生态效益

通过污染物入海排放管控工程的建设，使示范区污水和垃圾得到集中处理，将对嵊泗县地表水和近海海域水质得到很好的保护，减少了人为污染带来的海洋水体生态环境的破坏。

实施海洋生态保护与建设工程，可修复因海洋污染造成部分功能退化的近岸生态系统，恢复濒危珍稀海洋生物数量，保护海洋生物资源，改善海洋生态环境，维护海洋生态平衡，对促进海洋资源和生态环境的可持续利用具有重大意义。

此外，建立合理的产业结构，大力推广清洁生产，并通过滨海生态旅游带动服务业、工业的发展，为全县形成良性的发展结构。此项措施大大降低了工业对环境的影响，在此基础上逐步采取措施对已污染或已破坏地区进行生态修复，给游客和居民营造一个自然而健康的生态环境。

因此，海洋生态文明示范区的建立可以最大限度地保护海洋环境，减少海洋污染，平衡海洋生态，减少灾害的发生，是我国海洋产业、国家经济加速发展的必要条件，是我国海洋强国目标实现的基础。

2）社会效益

国家级海洋生态文明示范区的实施，将持续改善嵊泗县的投资环境，吸引更多的外来资金融入，提高城镇整体的发展能力和经济、科技、文化、教育、社会保障水平，完善城镇基础设施的建设，建设舒适的人居环境，营造文明的社会环境；同时，将提高嵊泗县的知名度，使嵊泗真正成为和谐宜人的黄金宝地，为吸引更多的游客和投资商打下坚实的基础，从而促进整个地区社会经济文化的全面推进。

此外，嵊泗县得天独厚的自然地理条件、区位优势、独特的生态系统类型、多样的自然景观等成为岛屿生态系统及生物多样性的重要研究基地及科普教育、教学实习的理想场所。开放的示范区，将成为大、中、小学生们的特殊"课堂"，公众的"博物馆"。人们可以学到海洋生态系统生物多样性、文化多样性等多方面的知识，并通过参与示范区组织开展的各种形式的科普活动，增加海洋环保知识和生态环保意识，达到保护海洋资源和生态环境的科普、宣传作用。

3）经济效益

嵊泗县国家级海洋生态文明示范区的建设，将为嵊泗旅游开发增添一个新的金字招牌，利用嵊泗县有利的区位优势和丰富的滨海旅游资源，进一步促进海岛生态旅游项目和港口建设。以滨海旅游为龙头，港口发展为动力吸引外来资金，带动临港产业、新兴海洋产业、生态渔农业、海洋科技、海洋文化等相关产业发展，将给嵊泗县带来巨大的经济效益，推动全县域范围内的产业快速发展及产业结构优化与转型；同时一批重点新项目的实施将为县内劳动力提供更多的就业机会和发展机会，增加当地居民的收入。此外，对于嵊泗县海洋生态文明示范区建设的重要组成部分——海岛重大基础设施建设、海洋资源保护和美化绿化工程等将实现可持续发展。从长远角度看，它将给嵊泗县创造更为良好的投资环境，不断地带来间接经济效益。

建设海洋生态文明示范区不仅可以增强人们的海洋环境保护意识，减少污染的排放量和灾害的发生频率，直接减少经济损失，还可使国家财政中用于治理海洋环境的费用比例减少，这对促进我国经济的增长有显而易见的效果，是我国海洋强国建设的助推器。

6.3 浙江省海洋生态文明示范区发展方向

6.3.1 "十三五"期间浙江省创建海洋生态建设示范区的发展方向

推进海洋生态文明示范区建设，对于促进海洋经济发展方式转变，提高海洋资源整合利用、海洋生态环境保护等综合管控能力，探索沿海地区经济社会与海洋生态环境相协调的科学发展模式，推动沿海地区经济社会和谐、持续、健康发展等都具有极其重要的意义。

6.3.1.1 浙江省创建生态文明示范区的主要依据

1）国家对海洋生态文明建设有力部署

《国家海洋事业发展"十二五"规划》提出"在滨海地区规划建设海洋生态文明示范区"。国家发展和改革委员会发布的《浙江海洋经济发展示范区规划》提出的浙江省战略定位为："建成我国海洋生态文明和清洁能源示范区……强化海洋资源有序开发、生态利用和有效保护、加强海域污染防治和生态修复，为建设海洋生态文明探索新模式。"国家海洋局印发了《关于开展"海洋生态文明示范区"建设工作的意见》《国家海洋局海洋生态文明建设实施方案（2015—2020 年）》，提出了新建一批海洋生态文明建设示范区的要求。作为海洋大省，浙江省理应按"干在实处、走在前列"的要求先行先试，发挥引领带动作用。

2）浙江省对海洋生态环境保护高度重视

近年来，浙江省的海洋事业取得了较大的进步，但总体而言，海洋综合管理仍然是一项新生事物。由于海洋资源的稀缺性、用途复合性、使用排他性和各种矛盾问题的多年积累、相互影响，当前海洋综合管理面临的困难与问题仍然比较突出。《中共浙江省委关于建设美丽浙江 创造美好生活的决定》提出："到 2020 年，争取建成全国生态文明示范区和美丽中国先行区"。《中共浙江省委关于制定浙江省国民经济和社会发展第十三个五年规划的建议》中提出："大力整治近岸海域和重点海湾污染……实现海洋环境资源可持续利用……建设好国家生态文明先行示范区"。加快建设海洋生态文明示范区，统筹海湾整治、生态修复、资源整合利用等方面，示范带动并提升海洋综合管理整体水平，非常必要。

3）地方海洋环境保护工作基础扎实

近几年，沿海象山、洞头等相关地区在积极创建国家级海洋生态文明示范区工作实践中，统筹整合各类资源，加强涉海重大项目和工程建设，积累了经验，提升了管理水平，也带动了其他地区开展相关工作的积极性。此外，通过国家油补政策的调整，并整合利用海域使用金返还部分等，资金支持方面基本可以得到保障，项目实施具有可行性。

6.3.1.2 预期目标

浙江省规划到 2020 年建成 10 个海洋生态建设示范区。示范区海洋生态文明制度体系基本完善，海洋资源整合利用更加高效，海洋开发保护空间格局得到优化，海洋生态环境质量稳中有升，海洋综合管理水平明显提高。

6.3.1.3 相关内容

（1）关于对创建主体的要求。创建省级海洋生态建设示范区的沿海县（市、区）人民政府：一是应设立专门的组织机构，建立监督考核和长效管理机制；二是应组织编制海洋生态建设示范区建设规划，由省海洋行政主管部门组织评审通过后由申报地政府批准实施，报省海洋行政主管部门备案；三是应按照《海洋生态建设示范区规划》制订年度工作计划，将工作任务分解落实到部门和责任人，明确工作进度，落实专项资金；四是应于每年 12 月 30 日前将示范区建设年度工作总结材料报送省级海洋行政主管部门。

（2）关于对示范区的扶持措施。浙江省海洋生态建设示范区由省人民政府命名，并在海洋生态环境保护、海岛与海岸带整治修复、海洋资源要素保障等领域，优先给予政策支持和资金安排。对已命名的浙江省海洋生态建设示范区，省政府优先推荐申报国家级海洋生态文明建设示范区。

6.3.2 海洋生态文明建设示范区建设思考与建议

1）深入贯彻生态文明内涵

生态文明是不断提高人民的生活质量，建立资源节约和环境友好型社会，不断增长可持续发展能力的根本保障。海洋生态文明作为原生态文明的起源，是以有意识地维护海洋生态安全为核心，以可持续发展为依据，以人与海洋、人与环境的和谐关系为目的的生态文明，是生态文明的重要组成部分。建设海洋生态文明应以海洋经济开发的繁荣来推动海洋生态环境的平衡，以海洋生态系统的良性循环来促进海洋经济的更大发展。建设海洋生态文明示范区就是要求在开发利用海洋的过程中，充分尊重海洋自然规律，以海洋生态环境承载为基础，促进人与海洋和谐共生，可持续发展。

2）结合实际提出切实有效的实施途径

海洋生态文明示范区建设目标必须立足于本省的海洋生态环境、人口素质状况、海洋经济发展水平和社会政治文化水平。浙江省港湾数见不鲜、岸线蜿蜒绵长、海岛星罗棋布，可以根据实际情况打造蓝色港湾、建设美丽黄金海岸带及修复海岛生态，开拓出一条具有可操作性和切实有效的实施途径，建成具有既符合国家及省里相关要求又具有典型性、代表性的生态文明示范区，对本省乃至全国的生态文明示范区建设起到先行示范作用。

3）引进国内外先进经验

浙江省在海洋生态文明示范区建设过程中仍存在一些不足。①近岸海域陆源污染严重。随着城镇化进程的加快和临港工业的发展，陆域直接或间接入海的生活污水、工业废水、农业面源污染物不断增加，海洋倾废、船舶污染以及海水养殖污染等都对海域生态环境造成了不同程度的影响，超过了海域自净能力。②沿海地区利用海洋区位优势和资源条件，用海需求量增长迅速，占用大量自然岸线。③海上溢油、危险品泄露等事故时有发生，赤潮等海洋生态环境灾害发生频繁。以上这些都成了海洋生态文明示范区创建的制约因素。因此，要引进国内外先进技术和管理经验，既从整治和改善海洋生态环境硬性方面，又从加强管理者管理能力和提高公众素质等软性方面加以辅助，探索出适合浙江省海洋生态文明示范区的创建之路。

第 3 篇
浙江省海洋生态环境
保护发展规划

第7章　浙江省海洋功能区划研究
—— 以宁波市为例

7.1　海洋功能区划意义

　　根据《海洋功能区划技术导则》（GB/T 17108—2006）， 海洋功能区划（Division of Marine Functional Zonation）是按照海洋功能区的标准，将海域及海岛划分为不同类型的海洋功能区，是为海洋开发、保护与管理提供科学依据的基础性工作。概括而言，海洋功能区划是指根据海域的区位条件、自然环境、自然资源、开发保护现状和经济、社会发展的需要，按照海洋功能标准，将海域划分为不同使用类型和不同环境质量要求的功能区，用以控制和引导海域的使用方向，保护和改善海洋生态环境，促进海洋资源的可持续利用。

　　海洋功能区划是《中华人民共和国海域使用管理法》和《中华人民共和国海洋环境保护法》规定的一项基本制度。从1989年启动海洋功能区划研究和实践工作以来经历了小比例尺阶段（1989—1993年）、大比例尺阶段（1994—2008年）和海洋功能区划修编（2009年—）等阶段，至今已有40年的发展历程，其概念逐渐被人们所接受，其作用受到了广泛肯定，其地位得到了不断提升，并已成为一种由国家规定实行的体现国家权力和管理原则的法律制度。目前，海洋功能区划已成为国家和地方沿海海洋发展战略和开发规划制定的基础，是指导海洋开发活动、合理利用海洋资源、保护海洋环境的重要手段，是审批海域使用、协调用海关系、解决用海矛盾、调整海洋产业布局的重要依据，是海洋经济可持续发展的重要保障。实施海洋功能区划对于科学合理利用海洋资源，改善海洋生态环境、保障海洋经济可持续发展，具有十分重要的意义。

7.2　宁波市海洋功能区划实施情况评估

　　《宁波市海洋功能区划（修编）》（以下简称《区划》）是浙江省人民政府于2007年11月6日批准实施的。

7.2.1　宁波市海洋功能区划实施情况

7.2.1.1　海洋功能区划实施总体情况

《区划》自 2007 年 11 月经浙江省人民政府批准实施以来，充分发挥了海洋资源优势，有效协调了各行业用海矛盾，有力保障了重大建设项目和重点行业的用海需求，特别是国家和省市涉海基础设施建设和新增投资计划项目用海需求，加强了海洋资源的综合开发和保护，促进了宁波市海洋经济的持续、协调发展，使海洋经济综合实力有了明显增强。

《区划》作为依法管海、科学管海、规范管海的政策性、规划性和技术性文件，在规范宁波市海域使用管理工作中起着十分重要的作用，使各类用海项目纳入适度、科学、有序的正常轨道。

7.2.1.2　海洋功能区划利用情况

近年来，宁波市紧紧依托海洋资源优势，以习近平新时代中国特色社会主义思想为指导，深入实施"六个加快"发展战略，以科学发展为主题，以加快转变经济发展方式为主线，以港航服务业、临港先进制造业、海洋新兴产业和海岛资源开发为重点，以创新体制机制为动力，统筹陆域经济和海洋经济发展，统筹资源开发和环境保护，统筹经济建设和改善民生，着力构建现代海洋产业体系，着力完善海洋基础设施体系，着力提升海洋科教研发能力，着力加强海洋生态文明建设，努力实现"海洋经济大市"向"海洋经济强市"的战略性转变。按照宁波市各海域区块的海洋资源特征以及优势，全市正在形成七大海洋经济产业区块，自北向南分别是杭州湾南岸滩涂综合开发区、镇海北仑大榭临港工业和港口运输区、象山港生态经济型港湾区、象山东部海洋旅游区、象山东部渔业资源增殖保护区、石浦渔港和修造船区、三门湾滩涂综合开发区。2015 年，宁波市实现海洋生产总值 1 267.6 亿元，占全市地区生产总值比重达 15.8%，成为拉动全市经济增长的重要引擎。

1）港口航运功能区利用

围绕成为上海国际航运中心重要组成部分的目标，积极推进宁波、舟山港口一体化，加快北仑四、五期集装箱码头等穿山北港口群建设，共同推进金塘、六横港口的开发建设，全力抓好梅山保税港区和象山港进港航道建设。依托港口航运区优势，大力发展大榭临港工业基地、北仑中部和穿山南造船基地、浙江造船基地、象山港口象山产业区、宁海强蛟临港产业区、象山石浦临港工业区等临港产业基地，积极谋划三门湾临港产业区、宁波海铁联运基地和大榭穿鼻山岛建设，努力促进陆域经济与海洋经济统筹发展，已经形成以北仑港和大榭港、镇海港为依托的能源、钢铁、石化、修造船、造纸、物流等组成的临港大工业产业群，以象山港为依托的国华电厂和乌沙山电厂为主的大能源产业群，以外神马岛、石浦港和象山港外干门为中心的造船基地。2015 年，宁波 – 舟山港货物吞吐量达 8.9 亿吨，吞吐量继续位居全球第一；完成集装箱吞吐量 2 062.7 万标箱，首次超过香港港位居全球第 4，同比增长 6.1%，增幅居全球十大港口首位。在海洋功能区划 17 个港口区 9 个航道区 5 个锚地区中，除象山港区域 7 个港口区受到海洋环保制约，三门湾金七门和珠门港、田湾山 3 个港口区受开发条件制约外，其他 7 个港口区都得到了有效开发建设，

9 个航道区和 5 个锚地区都得到了良好维护。

2）跨海桥梁区利用

完成杭州湾跨海大桥、镇海舟山大陆连岛工程、环石浦港跨海桥梁大桥、象山港大桥、大榭二桥和梅山大桥建设，开展佛渡跨海桥梁和甬台高速复线跨海桥梁建设。在海洋功能区划 18 个跨海桥梁区中，除象山晓塘湾跨海大桥外，其他 17 个跨海桥梁区都已建或者正在建设和筹建跨海桥梁。

3）渔业资源利用和养护区利用

在海洋功能区划 6 个渔港和渔业设施基地建设区中，北仑梅山渔港区域、象山石浦渔港区域、岳井洋渔业避风锚地建设得到了快速推进，北仑梅山渔港区域已经进驻了一批远洋渔业企业，象山石浦渔港区域、奉化桐照渔港区域和岳井洋渔业避风锚地区域已经成为宁波市重要的群众性渔港基地和防台避风基地；鄞州大嵩、宁海峡山等渔港建设已得到了稳步推进。14 个滩涂养殖区和 10 个浅海养殖区，除象山港和三门湾区域部分浅海养殖区已渐消减外，其余区域养殖区已基本得到开发利用。象山港区域是宁波市重要的渔业增殖放流区域，7 个渔业资源增殖区都位于象山港区域。该区域开展了象山港区域养殖和捕捞区整治，实施了渔业资源增殖放流工程、人工鱼礁建设和海洋生态修复工程，以推动生态养殖、科学养殖工程。

4）海洋旅游区利用

近年来，宁波市加快推进北仑春晓洋沙山滨海旅游区、宁海湾旅游度假区、奉化阳光海岸滨海旅游区、象山东部旅游区和象山风门口滨海旅游区建设。在 7 个风景旅游区和 7 个度假旅游区中，除北仑崎头、北仑上阳、宁海满山、奉化松岙、宁海大佳何外，其余区域都已开发或者正在组织开发建设和筹备开发建设。

5）其他海洋功能区利用

《区划》实施以来，加强对镇海七里屿、大黄蟒、象山石浦等倾倒区的监视监测；在淡水泓排污区新建了淡水泓排污口；正在建设象山港咸祥科学研究试验区。宁海象山港、宁海三门湾、象山南田岛 3 个潮汐能区和杭州湾南部、三门湾、渔山列岛 3 个风能区没有得到建设和利用，北仑港和穿山半岛固体矿产区已逐步退出。

7.2.1.3 海洋功能区划环境保护情况

海洋功能区划的一个重要作用是保护海洋环境，维护海洋生态体系，为此，《区划》在各个功能区的管理要求中提出了相应的环境管理要求，对海域的水环境质量和沉积物环境质量提出了控制标准，特别是在养殖区、增殖区、渔业品种保护区等功能区。作为宁波市海洋环境保护和生态建设的一个特别措施，功能区专门划分了 3 个海洋自然生态保护区，1 个海洋特别保护区和 7 个增殖区。

1）海洋生态环境总体情况

总体来说，《区划》实施以来，各个功能区的管理要求执行情况良好，海洋功能区环境达标率基本符合要求，海洋和海岸自然生态保护区和海洋特别保护区建设顺利，增殖区有效地发挥了渔业资源增殖的功能。

2015 年，宁波市近岸海域全年水温在 7.91 ～ 31.06℃之间，盐度在 4.49 ～ 31.16 之间，透明度在 0.1 ～ 5.0 米之间，pH、溶解氧、石油类、铜、锌、铬、镉、汞、砷、六六六、滴滴涕、92% 测站化学需氧量、92% 测站铅含量符合第一类海水水质标准，37% 测站活性磷酸盐和 89% 测站无机氮含量劣于第四类海水水质标准。

海域沉积物质量状况总体良好，有机碳、硫化物、石油类、铜、铅、锌、铬、镉、汞、砷、六六六、滴滴涕、多氯联苯含量均符合第一类海洋沉积物质量标准。与 2014 年相比，各指标含量变化不大。

2015 年，宁波海域共发现赤潮 2 起，分别发生在 4 月 26 日至 5 月 3 日以及 9 月 11 日，发生区域均为石浦檀头山至渔山列岛海域，累计面积约 200 平方千米。两起赤潮生物优势种分别为东海原甲藻和夜光藻，无毒。

2）韭山列岛国家级自然保护区建设

韭山列岛国家级自然保护区处于舟山渔场与渔山渔场的交界处，由 76 个岛礁组成，其中岛屿 28 个，礁 48 个，以主岛南韭山岛得名，岛礁总面积 7.3 平方千米。韭山列岛保护区总面积为 484.78 平方千米，于 2011 年 4 月经国务院批复同意在浙江省政府批准建立的韭山列岛省级海洋生态自然保护区的基础上升级为国家级海洋生态自然保护区。主要保护对象是大黄鱼、曼氏无针乌贼、江豚、黑嘴端凤头燕鸥等繁殖鸟类以及与之相关的岛礁生态系统。

韭山列岛省级海洋生态自然保护区自 2003 年 4 月 18 日由浙江省政府批准建立以来，针对原先法规欠缺、管理混乱、设施不全的现状，紧紧围绕法律法规制定、生态环境保护、基础设施建设和科学考察研究四个方面全面深入开展各项工作，渔业资源得到有效保护并逐渐丰富。

2004 年 4 月 16 日，象山县政府发布《关于加强象山韭山列岛省级海洋生态自然保护区管理的通告》（象政发〔2004〕43 号）。2007 年 1 月 1 日，《宁波市韭山列岛海洋生态自然保护区条例》经浙江省第十八届人民代表大会常务委员会第二十八次会议批准实施，韭山列岛保护区成为全国首个拥有保护区条例的省级自然保护区。2007 年 6 月，象山县政府根据该条例，再次发布了《关于加强韭山列岛海洋生态自然保护区管理的通告》，对韭山列岛保护工作开展提出了具体要求。

韭山列岛自然保护区具有良好的基础设施，省级保护区建立至今，已投入建设与管理经费共 1 400 余万元，在保护区内设立了工作站、界碑、界牌、禁示牌、宣传牌，随后开展了码头、瞭望哨等基础设施建设，修整了南韭山岛上道路，购置了交通艇、巡逻船、瞭望设备等并投入使用，同时对本岛的环境进行了清理。南韭山岛上有中国移动公司通信塔，通信方便。岛上用电采用柴油发电，电力充足，生活用水常年不缺。2008 年 1 月，位于县城建筑面积为 1 500 平方米的办公管理用房建成并投入使用，还设立了 200 平方米的实验室和 100 平方米的宣传大厅。2009 年，投资 100 多万元在岛上建立了视频监控系统，对保护区进行全方位监控，管护手段日趋完善。

自然保护区建立以来，先后邀请浙江大学生命科学学院、浙江省自然博物馆的专家学者多次赴保护区开展江豚资源、繁殖海鸟专项调查；同时，多次委托浙江省自然博物馆、宁波市海洋与渔业研究院、浙江省海洋水产研究所等多家科研单位到保护区内开展各项生物资源本底调查和岛上植被资源调查，充实基础数据。

3）渔山列岛国家级海洋生态特别保护区建设

渔山列岛国家级海洋生态特别保护区于 2008 年 8 月 6 日由国家海洋局批复同意建立，2012 年 12 月 21 日，国家海洋局正式批复同意加挂国家级海洋公园牌子。渔山列岛国家级海洋生态特别保护区距大陆 74.5 千米，由 13 岛 41 礁组成，总面积 57 平方千米，主要保护对象是伏虎礁领海基点和岛礁生态系统，发展海珍品生态养殖、度假避暑、攀岩海钓等海岛生态旅游。建立渔山列岛国家级海洋生态特别保护区，实行海洋保护与开发并重、保护优先的方针，通过各种保护措施，有效保护了渔山列岛及其周围海域海洋生态系统。

渔山列岛海洋特别保护区是宁波市首个国家级海洋生态特别保护区，为了加强对渔山列岛国家级海洋特别保护区建设、管理、巡护、执法、科研、监测、生态修复等各项工作的组织领导，建立了稳定的财政机制，不断提高管理能力和管理水平。同时，严格对保护区内各类开发活动的审批和监管，切实保护好海洋生态环境，保证保护区管理目标的全面实现，2009 年 11 月国家海洋局批准了《渔山列岛国家级海洋特别保护区总体规划》。2011 年 10 月 26 日市人民政府第 112 次常务会议审议通过了《宁波市渔山列岛国家级海洋生态特别保护区管理办法》。

为了进一步促进渔山海域的生态环境修复，保护生物多样性，促进渔山列岛的可持续发展，渔山列岛保护区各项保护管理工作有序进行，并在海洋资源基础调查及保护区保护基础设施建设等方面都取得了成效。近年来，渔山列岛白虎礁附近海域人工投放了 70 个渔业资源保护性礁体，形成 5 个礁体群约 1 万空立方米的人工鱼礁，这为建设渔山列岛海洋牧场，促进渔业经济的可持续发展提供了技术依据；完成了渔山列岛国家级海洋特别保护区环境、资源综合调查，完成了 1 080 平方米的管理房 1 座，配备了 294 千瓦管理船 1 艘，建造了生活蓄水池 1 座，完成了标志牌、宣传碑、阳光垃圾减量房等配套设施建设。同时，联合组成了渔山列岛专项整治工作小组，专门负责对破坏岛礁资源和生态资源的一切活动进行专项整治，并在岛上派驻常住工作人员。渔山海域是宁波赤潮的多发区，为了加强渔山海域的赤潮监控预测，已专门成立象山县赤潮监视志愿者队伍，设立了一个赤潮监控点，保证赤潮"第一时间发现、第一时间监测、第一时间通报"。

4）象山港海洋环境保护与渔业资源增殖放流

象山港是浙江省最重要的港湾之一，具有独特的海洋生态体系，7 个海洋渔业资源增殖区都位于象山港区域。针对象山港的生态环境特征，开展了"象山港海洋环境容量及污染物总量控制研究""象山港区域环境承载力研究""象山港生态环境保护与修复技术研究""象山港海洋生态修复示范区建设项目"等课题的研究。

由于近年来沿岸海洋开发活动的增加，环境的恶化，海洋生态系统遭到了不同程度的破坏。为了改善海洋环境，按象山港海洋功能定位，实施了象山港海洋生态修复行动，在象山港中底部的强蛟群岛海域（白石山—中央山—铜山岛北侧、象山港航道以南 500 米海域）选址建设象山港海洋牧场试验、示范区，通过投放人工鱼礁，规模化移植大型海藻、底播增殖经济贝类，实现该海域的"农牧化"生产，保护和改善整个象山港的生态环境；通过重点海域海藻场的重建，降低海区富营养化水平；通过重要渔业资源繁殖栖息地的改造，逐步恢复渔业生态环境；以象山港大桥建设区为重点，强化受损滩涂区的生态修复和景观再造，加强沿港海洋环境监测和生态修复能力建设。加大了象山港渔业资源增殖放流工作的力度，宁海铁港区域完成 2 000 万尾中国对虾苗放流，在象山港中底部放流 1 亿尾日本对虾苗，有效地增加了象山港海洋渔业资源种群数量，对恢复象山港海域渔业资源、维护生物多样性和象山港海域生态平衡具有重要意义。

《宁波市象山港海洋环境和渔业资源保护条例》于 2005 年 7 月 1 日正式颁布实施，把象山港的海洋环境与渔业资源保护提高到法治层面，规定了要建立象山港排污总量控制制度、工程建设环境影响后评价制度和象山港渔业资源保护制度。在市政府出台《象山港区域保护和利用规划纲要》的基础上，以《宁波市象山港海洋环境和渔业资源保护条例》为依据，2007 年 1 月 8 日宁波市发展改革委员会、宁波市海洋与渔业局联合发布施行《象山港海洋生态环境保护与建设规划》，把象山港区域的海洋生态环境保护纳入宁波生态市建设范畴，积极推行循环经济和清洁生产，以海洋生态环境保护和海洋资源的可持续利用为原则，推行象山港海域生态综合整治。

2015 年，象山港海域水体中主要超标因子为无机氮和活性磷酸盐，与 2014 年相比，活性磷酸盐含量有所下降，其他监测指标基本持平；海域沉积物综合质量分级为一般；生物质量中镉、铬、锌、石油烃含量符合第二类海洋生物质量标准，其余符合第一类海洋生物质量标准。海水增养殖区环境质量等级为较好，环境质量状况能满足海水增养殖区要求，与 2014 年相比有所好转；象山港海域全年未发生赤潮。

7.2.1.4　海洋功能区划实施管理情况

海洋功能区划是《中华人民共和国海洋环境保护法》和《中华人民共和国海域使用管理法》规定的海域使用和海洋环境保护的重要依据。宁波市海洋功能区划已经成为各地各有关部门编制涉海区划规划、依法管理涉海项目的重要依据。

《宁波市海洋功能区划（修编）》于 2007 年 11 月 6 日得到浙江省人民政府浙政函〔2007〕155 号批复后，宁波市人民政府于 2007 年 12 月 14 日下发了《关于认真实施宁波市海洋功能区划的通知》（甬政发〔2007〕134 号），要求："各级政府及海洋行政主管部门要依据《宁波市海洋功能区划》，切实加强对海域使用的监督管理和执法检查，防止对海域、海岛和海岸的破坏性利用；自本通知下达之日起，对不符合《宁波市海洋功能区划》的拟用海项目，海洋行政主管部门将不予受理，政府不予审批或上报审批；对不符合《宁波市海洋功能区划》的已建或在建用海项目，要进行调整，并限期整改；对违法用海行为要坚决制止和严厉打击，切实维护海域的国家所有权益和海域使用人的合法权益；各级政府和有关部门要依据《区划》，切实加强海洋环境保护工作，在制定海洋环境保护规划、设置陆源污染物深海离岸排放排污口、建设海岸工程和海洋工程、选划海洋保护区和海洋倾倒区时，必须符合海洋功能区划；在开发利用海岸、海岛及周边海域时，要依据海洋功能区划采取严格的生态保护措施，不得造成海岸、海岛地形、岸滩、植被及周边海域生态环境的破坏。"

为贯彻落实《区划》，宁波市海洋与渔业局于 2007 年 12 月 6 日组织市级有关部门、县级发展改革部门和县级海洋行政主管部门进行了贯彻学习，要求各地各有关部门将海洋功能区划作为涉海建设项目管理和项目预审的重要内容。在具体实施中，市县两级海洋行政主管部门严格海洋功能区划制度，有效协调各行业用海矛盾，有力保障了重大建设项目和重点行业的用海需求。在涉海建设项目前期选址和项目前期论证阶段，各级海洋行政主管部门依据海洋功能区划出具项目前期意向咨询意见，依据海洋功能区划审查项目海洋环境影响评价报告和海域使用论证报告，发展改革部门将海洋行政主管部门出具的意见作为项目管理的重要依据。对于不符合海洋功能区划的新建扩建项目，市、县两级海洋行政主管部门不予受理建设项目海洋环境影响评价报告和项目用海预审，不予报批项目用海。

《区划》自批复实施以来，宁波市海域使用管理工作进一步强化，完善了海域审批和管理制度，初步建立起海域使用权抵押贷款制度，稳步推进海域使用权"招拍挂"试点，积极探索海域使用权流转制度。海域使用管理信息化水平不断提高，海域动态监视监测系统在海域管理中发挥了较好的作用。2007 年以来重点加强了对宁波市海域使用的监视监测能力建设。根据《国家海洋局关于批复省级和市级海域使用动态监管中心共建执行单位的通知》（国海管字〔2007〕127 号），宁波市海洋与渔业信息监视中心开展了海域使用动态监视监测能力建设，与宁波市海洋与渔业局联合开展了宁波市海域使用视频监管系统建设，逐步开展海域使用的动态监视监测工作，以全面动态了解掌握全市海域的基本情况、利用情况及其变化情况。在全市已经建成了 6 座大型视频系统和 16 套小型海域视频监控系统，基本覆盖了宁波市主要港口码头、渔船避风港、海洋保护区等重点海域。

市县两级海洋执法监察部门加大了对海洋工程建设项目的执法监管，针对涉海建设项目、海洋倾废、非法采砂等项目海域使用和海洋环保措施的落实情况进行督查。据统计，2013 年度，开展行政执法检查 506 次，出动执法人员 2 488 人次，出海航程 13 537 海里，检查各类用海项目、海岛等 1 407 个，查处海洋违法案件 23 件，维护了宁波市海域使用秩序。

7.2.2 宁波市海洋功能区划实施评估

7.2.2.1 《区划》对保障和服务海洋经济建设的适宜性

宁波是个海洋大市，拥有国际一流的深水良港和近 1 万平方千米的辽阔海域。全市海岸线总长达 1 562 千米，水深大于 10 米的岸线 234 千米，而且深水岸线比较集中，可以成片开发。近年来，宁波市海洋经济有了快速发展，全市海洋经济总产值由 2007 年的 2 011 亿元增加到 2016 年的 4 408 亿元，增长约 119.19%。宁波海洋经济的发展得益于宁波海洋资源的优势和正确的海洋功能区划引导。

港口的建设与发展是宁波海洋经济优势的关键之一。宁波市海洋功能区划中将镇海和北仑区海域以及象山港口部海域区划为港口航运区的功能定位，为宁波大规模的港口建设，把宁波打造为区域性国际港口物流基地，建设宁波—舟山一体化港口建设提供了保障。宁波海洋功能区划中对于大榭岛和梅山岛及其海域港口区的海洋功能定位具有前瞻性，港口区的功能定位满足了 2 个开发区的功能需要。

杭州湾大桥跨海桥梁区、镇海舟山大陆连岛工程跨海桥梁区、象山港跨海桥梁区等的跨海桥梁区的功能定位，满足了宁波连接上海、舟山等周边城市，实现"联通大海、直通上海、贯通海岛"战略，对建设大桥产业基地和物流园区，形成"大桥经济圈"，努力促进陆域经济与海洋经济统筹发展，拉动宁波经济加速发展起到保障作用。

《区划》自 2007 年 11 月修编以来，较好地适应了宁波市近几年来海洋经济的发展需要，对海洋资源的有序开发起到了良好的引导和推动作用。特别是《区划》中的港口航运区、风景旅游区和度假旅游区等功能定位总体满足近期宁波市海洋经济发展的要求。宁波市海洋功能区划的区域划分与宁波海洋经济发展总体格局一致，宁波市整个海洋功能区划的区域划分为 9 大区域，其中包括杭州湾海域、镇海北海域、镇海北仑海域、象山港口部海域、象山港中底部海域、象山东部海域、石浦附近海域、三门湾海域和韭山列岛与渔山列岛海域；宁波市海洋经济发展的区域格局分布是以"梅山保税港区"和"大榭开发区"两个国家级海岛开发区，以及宁波–舟山港北仑港区为核心的七大海洋经济产业区块，自北向南分别是杭州湾南岸滩涂综合开发区、镇海北仑大榭临港工业和港口运输区、象山港生态经济型港湾区、象山东部海洋旅游区、象山东部渔业资源增殖保护区、石浦渔港和修造船区、三门湾滩涂综合开发区。从海域资源和海域功能的宏观配置上讲，宁波市海洋功能区划可以较好地保障和服务近几年宁波市区域海洋经济发展的需要。

但是，由于海洋经济发展对海洋资源开发和保护提出了新的要求，原有的部分区域功能定位已不适宜于目前经济和社会发展的客观要求和环境现状。为了适应海洋经济建设需求，宁波市及沿海各县（市）区都提出了海洋功能区划调整要求和建议。同时，为顺应浙江省和宁波市海洋经济发展战略，协调和满足围填海区、港口建设区、临港产业区、海洋旅游区的需求，充分挖掘海洋资源潜力，是当前海洋功能区划适应海洋经济发展中面临的重要课题。

7.2.2.2 《区划》与海洋资源的适宜性

海洋功能区划的原则首先是自然属性与社会属性相结合，宁波市海洋资源丰富，有港、渔、景、涂、能五大资源优势，宁波市海洋功能区划在区划划分上考虑了区域海洋资源特征，在功能区管理要求上充分考虑了海洋资源的多宜性和兼容性。

1）港口航道资源条件的适宜性

港口是宁波最大和最有潜力的海洋开发资源，也是宁波 – 舟山港的重要组成部分。全市港口资源丰富，特别是北仑港区的深水岸线，15 万吨级船舶可自由进出；象山港万吨级船舶可自由出入港湾，具有开发大中泊位潜力，具备发展远洋和近海运输深水港的优越条件；石浦港是我国四大著名渔港之一，尚有数千米岸线可供开发利用。

《区划》共划分港口区 17 个，重点港口区有镇海北仑港口区、北仑大榭港口区、北仑穿山南港口区、北仑梅山港口区、宁海强蛟港口区、象山乌沙山港口区、象山港外干门港口区、象山石浦港口区等，充分考虑利用了优越的自然港口资源，并有与之相适应的航道和锚地区作为配套。

根据宁波市近几年港口发展情况看，《区划》中对港口、航道的区域功能定位是正确的，对深水岸线资源的安排基本符合港口发展的实施需要。但是也存在着对港口航道和岸线资源调查研究不够深入等问题，需要进一步挖掘港口岸线资源。特别是航道与渔业捕捞之间的矛盾长期存在，需要进一步明确航道的位置范围以实现航道的定线制，要进一步加强港口航道区附近海洋开发利用活动的管理，加强对港口航道水深条件的维护。

2）滩涂资源条件的适宜性

宁波市地处杭州湾南岸，长江径流每年挟裹的泥沙为本市北部沿岸海域带来了大量的泥沙，形成了以堆积地貌为主的海岸，提供了丰富的滩涂资源。《区划》对于淤涨趋势明显、水动力条件适宜的海域划定了围海造地区，为宁波市城市建设土地储备和临海工业建设用地提供来源。但对环境不适宜、围海后可能对海洋生态环境造成不利影响的区域，不划入围海造地区和围塘养殖区。为保护滩涂湿地资源，《区划》划分了 1 个滩涂湿地生态功能保护区、14 个滩涂养殖区和 2 个重要渔业品种保护区。

《区划》充分考虑了滩涂资源的自然条件，并对围海造地区提出了需经科学论证再实施的管理要求。在合理利用滩涂资源的同时注重保护生态系统，以实现海洋经济的可持续发展。但是也存在滩涂养殖功能部分灭失等问题。

3）渔业资源条件的适宜性

宁波市渔业资源丰富，具有大目洋、猫头洋、渔山等渔场。宁波近海海域的底质、盐度、温度等较适宜多种海洋生物繁衍、栖息。潮间带、沿海岛屿的自然环境适宜鱼、虾、贝、藻类的繁衍生长。宁波有潮间带滩涂面积约 10.4 万公顷，可直接用于养殖的约 1.9 万公顷，拥有负 10 米以上的浅海面积 7.7 万公顷，其中可直接用于养殖的面积约 3 333 公顷，这种养殖资源条件也是宝贵的渔业资源条件。

《区划》针对不同海区的自然状况和渔业资源条件，划分了 11 个捕捞区，重点捕捞区有慈溪西部捕捞区、慈溪中东部捕捞区、象山外旦门附近捕捞区、象山大目洋捕捞区、象山猫头洋捕捞区等；宁波市北部海域、象山港、象山东部海域、三门湾的部分海域和滩涂划分为养殖区，根据周围环境、宜养情况分别进行滩涂、围塘、浅海养殖的功能定位；为渔业资源的补充繁育，将水深、水质条件好、水动力条件优越的象山港划分为增殖区；划定宁海樟树和宁海薛岙为重要渔业品种保护区。

总体来说，《区划》对渔业资源条件的区域的功能定位是合理的，《区划》与渔业资源条件相适宜。但是随着海洋经济建设的不断推进，滩涂养殖和浅海养殖、渔业捕捞区将逐步萎缩，原有粗放型养殖将向精品渔业和现代渔业转变。特别是随着象山港区域生态经济型港湾建设目标的逐步推进，海洋旅游开发步伐将加快，现有渔业养殖和捕捞面临着重新布局调整。

4）旅游资源和自然生态环境条件的适宜性

"滩、岛、海"构成的滨海旅游资源和丰富独特的历史人文景观为滨海旅游业发展提供了良好的条件。区划将北仑峙头、宁海强蛟群岛、象山石浦滨海、象山檀头山、象山风门口、象山花岙、宁海满山岛等划分为风景旅游区；北仑梅山港、北仑洋沙山、奉化松岙、奉化凤凰山悬山、宁海大佳何、宁海强蛟、象山东部海域等为旅游度假区。《区划》为宁波市的滨海旅游资源的开发利用提供了良好的条件，但北仑峙头位置偏远、港口岸线资源良好、旅游开发条件较差，梅山港内旅游度假区需要进行局部调整。

《区划》划分了 3 个海洋和海岸自然生态保护区及 1 个海洋特别保护区，遏制了无序、无度开发，对湿地、江豚、黑尾鸥、岛礁及生态系统进行保护，缓解了人类活动对海洋渔业资源、国家珍稀保护动物资源以及海洋生态系统的破坏。

5）海洋能资源条件的适宜性

宁波市沿海属强潮海区，潮差大，潮汐能源丰富。《区划》划分了宁海象山港、宁海三门湾、南田岛湾潮汐能区 3 个潮汐能区，同时根据宁波市海岛地区风力资源丰富的特点划分了杭州湾北部风能区、三门湾风能区、渔山列岛风能区。

海洋能开发是环保、可持续开发的新兴行业，充分利用海洋能资源是海洋经济开发的必然趋势。从目前来看，风能区的建设更加符合宁波市当前社会经济发展，而潮汐能的开发利用难度较大。

7.2.2.3 《区划》与海洋生态环境的适宜性

海洋功能区是依据海洋自然属性和社会属性以及自然资源和环境特定条件，界定海洋利用主导功能和使用范畴的区域。《区划》对各个功能区分别提出了海洋环境质量的管理要求（表 7-1），针对近岸海域水质较严重污染的现状，对海洋开发活动提出了改善海洋环境质量和保护海洋环境的有效措施。

结合 2015 年宁波市海域水环境质量分布示意图（图 7-1）和宁波市海洋功能区划图，可以看出，宁波市的各功能区几乎不能满足海洋功能区环境保护管理要求，这主要是由于海水水质评判标准采用单因子法，即评价指标中有一项不符合标准即为不符合该类水质标准，因此受陆源无机氮及活性磷酸盐排放影响，近岸海域的海洋环境多数达不到功能区环境质量要求。

表 7-1 《区划》对各类海洋功能区环境保护管理要求

一级类功能区名称	二级类功能区名称	海水水质质量（GB 3097—1997）	海洋沉积物质量（GB 18668—2002）
港口航运区	港口区	不低于第四类	不低于第三类
	航道区、锚地区	不低于第三类	不低于第二类
渔业资源利用和养护区	渔港和渔业设施基地建设区	不低于第三类	不低于第二类
	养殖区	不低于第二类	不低于第一类
	增殖区、捕捞区、重要渔业品种保护区	不低于第一类	不低于第一类

一级类 功能区名称	二级类 功能区名称	海水水质质量 （GB 3097—1997）	海洋沉积物质量 （GB 18668—2002）
矿产资源利用区	固体矿产区	不低于第三类	不低于第二类
旅游区	风景旅游区、度假旅游区	不低于第二类	不低于第一类
海水资源利用区	特殊工业用水区	执行所在海域水质标准	执行所在海域沉积物标准
海洋能利用区	潮汐能、风能区	—	—
工程用海区	海底管线区、围海造地区、海岸防护工程区、跨海桥梁区	不低于第四类	不低于第二类
海洋保护区	海洋和海岸自然生态保护区、海洋特别保护区	不低于第一类	不低于第一类
特殊利用区	科学研究实验区	不低于第一类	不低于第一类
	特殊用海区	不低于第二类	不低于第一类
	排污区、倾倒区	不低于第三类	不低于第二类
	倾倒区	不低于第四类	不低于第三类
保留区	待定区	不低于第四类	不低于第三类

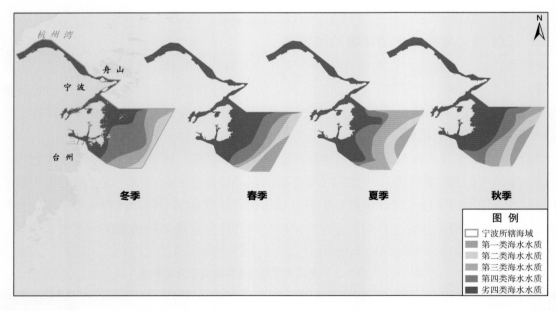

图 7-1　2015 年宁波海域水质状况分布示意图

7.2.2.4　《区划》与海洋管理的适宜性

　　宁波市海洋功能区划明确了各海洋功能区的位置范围和海洋环境保护等海域使用要求，为宁波市海域使用管理和海洋环境保护、规范海域使用秩序提供了重要依据。现行宁波市海洋功能区划可以较好地满足宁波海洋管理要求，但在海洋管理的具体实践中还存在以下问题。

1）海洋功能区划编制评估体系尚不健全

海洋功能划分方面的基础性研究较薄弱，区划呈现出"规划化"现象。国家和省级海洋功能区划在引领区域海洋功能和海洋开发利用方向，市县级海洋功能区划在深化国家和省级海洋功能区划等方面还需要进一步加强。

海洋功能区划与县域总体规划、近岸海域环境功能区划、土地利用总体规划、港口规划、滩涂围垦规划、海洋旅游规划、海洋渔业规划等涉海区划规划之间的关系还需要进一步理顺和加强，差异性关系协调解决机制尚未完全建立，协调难度较大。

海洋功能区评估体系尚未完全建立。海洋功能的相符性、兼容性分析评价缺乏必要的技术和管理指标，建设项目海洋功能区影响后评估和项目用海跟踪监测评价机制尚未完全建立，在项目建设、竣工和运营阶段尚未建立海洋功能区影响后评估机制。

2）海洋功能区划实施管理难度较大

"海域使用必须符合海洋功能区划"的法律要求，导致海洋功能区功能单一。特定海域具有海洋功能多宜性的特点，虽然在宁波市海洋功能区划中已经考虑了海洋功能兼容性问题，但是在具体实施中还存在兼容性和相符性的相关问题。

海洋功能区划分四级编制，但是在实际管理中却往往引用对项目有利的海洋功能区划。各级海洋功能区划的争议解决机制尚未完全建立，国家和省在审批项目用海时主要考虑国家和省级海洋功能区划，市县级海洋功能区划作为国家和省级海洋功能区划的细化作用没有完全发挥。

海洋功能调整难度较大。海洋功能区的实施和调整面临着区域内及其周边海域已有海洋功能和开发利用的政策处理和补偿，推进难度较大。

海洋功能区环保控制难度较大。近岸海域功能区划与海洋功能区划的海洋环保控制要求的不一致导致一些投资项目管理面临困境，陆源污染和海上污染问题缺乏统筹协调管理和监控监测。

7.2.3 对新一轮海洋功能区划编制的建议

1）海洋功能区划科学性和前瞻性需要加强

目前海洋功能区划的科学性和前瞻性不很理想，关键是海洋基础研究较薄弱，海洋功能区划编制时过多考虑用海需求。建议今后实施区域功能评估，加大基础调查研究，强化区域海洋功能区划管制。

2）重视海洋功能区划范围差异和功能兼容问题

海洋功能区划在具体实施时存在面积范围差异问题，也存在一些规模较小，不可预见的局部小项目不符合海洋功能区划问题，比如农渔业区中要建规模较小的海洋旅游项目是不可预见的，且也不会改变农渔业区的主导功能。因此，建议重视海洋功能区划实施兼容性要求以满足海洋经济日新月异的发展形势对海洋功能区划提出的更高要求。

7.3 《宁波市海洋功能区划（2013—2020年）》编制主要内容

7.3.1 区划编制主要任务

与原 2007 年宁波市海洋功能区划编制相比，随着海洋功能区划管理制度的不断完善，本次海洋功能区划编制技术规程和编制要求都发生了重大变化。本次海洋功能区划编制的中心任务是实现宁波市海域的海洋功能定位，主要任务如下。

（1）了解宁波各市、县、区用海需求和海洋资源变化情况，全面掌握宁波市海洋资源环境和开发利用现状及其趋势。

（2）按照国家和省级海洋功能区划编制要求，结合宁波市海洋保护与利用要求，进一步细化海洋功能区划管控。

（3）根据宁波市海洋资源开发利用现状，提出海洋功能区划管控的具体执行办法，建立宁波市海洋功能区划实施和应用机制。

7.3.2 区划编制指导思想和编制原则

区划编制指导思想是，遵循《中华人民共和国海域使用管理法》确定的海洋功能区划编制原则，按照浙江省沿海市、县级海洋功能区划编制工作相关技术规程，在《全国海洋功能区划》和《浙江省海洋功能区划》的指导下，以宁波市海洋资源环境条件为基础，以保障宁波市国民经济和社会发展用海需求为根本，以明确海域使用功能、科学引导用海方向为出发点，以统筹安排各行业用海为中心，以加强海域使用管理和海洋环境保护为目的，促进宁波市海洋经济持续健康发展。

在海洋功能区划编制工作中，具体坚持以下 6 条主要原则。

1）服从上级

宁波市海洋功能区划以服从浙江省海洋功能区划为基础，做到功能区界线一致、功能区管理要求一致、目标指标一致。根据编制技术要求，充分考虑了海洋资源价值的多样性，允许在海洋基本功能区内开发利用符合功能区管理要求的其他兼容用途。

2）尊重自然

根据海域的区位特点、自然资源和自然环境等自然属性，坚持"绿色发展"理念，在综合评价海域开发利用适宜性和海洋资源环境承载能力的基础上，科学确定海域基本功能。

3）科学发展

以"四个全面"战略部署为统领，以"八八战略"为总纲，围绕浙江海洋经济发展宁波核心示范区和宁波港口经济圈建设，优化配置各行业用海，合理控制各类建设用海规模，保证生产、生活和生态用海，引导海洋产业优化布局，促进产业结构调整，集约节约用海。

4）保障重点

协调陆地、海洋的开发利用和环境保护，合理配置海洋功能区，促进海域使用结构优化。

优先满足军事用海和军事设施保护的需要，限制进入军事区及在军事区内从事海洋开发利用活动，重点保障渔业、重要涉海产业和重点建设项目的用海需求。

5）保护生态

按照建设环境友好型社会的要求，立足构建良好的海洋生态环境，秉持"在发展中保护、在保护中开发"的原则，结合宁波市海洋经济发展需求和海域自然规律，合理安排生产、生活和生态类功能区，维护河口、海湾、海岛和滨海湿地等海洋生态系统安全，促进海洋经济可持续发展。

6）陆海统筹

根据陆地空间和海洋空间的关联性以及海洋系统的特殊性，充分利用海陆之间的互补优势资源，统筹陆海产业布局、基础设施建设和环境治理保护，全面推进陆海联动。

7.3.3 区划分类体系

宁波市海洋功能区划根据《浙江省市县级（区域性）海洋功能区划编制技术要求》中的一级类进行海岸基本功能分区和近海基本功能分区的划分，体系分类见表 7-2。同时，宁波市海洋功能区划继承省区划对基本功能区的分区。省区划中的一级类海洋基本功能区为海岸基本功能区的，区划中所有二级类海洋基本功能区均为海岸基本功能区；省区划中的一级类海洋基本功能区为近海基本功能区的，区划中所有二级类海洋基本功能区均为近海基本功能区。

根据《浙江省市县级（区域性）海洋功能区划编制技术要求》，本次区划对《浙江省海洋功能区划（2011—2020年）》确定的农渔业区、港口航运区，划分二级类海洋基本功能区；对浙江省海洋功能区划确定的工业与城镇用海区、旅游休闲娱乐区、海洋保护区、特殊利用区和保留区，完全继承省海洋功能区划分区方案，不进一步划分二级类海洋基本功能区。

表 7-2　海洋功能区划分类体系

一级类海洋基本功能区		二级类海洋基本功能区	
代码	名称	代码	名称
1	农渔业区	1.1	农业围垦区
		1.2	养殖区
		1.3	增殖区
		1.4	捕捞区
		1.5	水产种质资源保护区
		1.6	渔业基础设施区
2	港口航运区	2.1	港口区
		2.2	航道区
		2.3	锚地区

一级类海洋基本功能区		二级类海洋基本功能区	
代码	名称	代码	名称
3	工业与城镇用海区	3.1	工业用海区
		3.2	城镇用海区
4	矿产与能源区	4.1	油气区
		4.2	固体矿产区
		4.3	盐田区
		4.4	可再生能源区
5	旅游休闲娱乐区	5.1	风景旅游区
		5.2	文体休闲娱乐区
6	海洋保护区	6.1	海洋自然保护区
		6.2	海洋特别保护区
7	特殊利用区	7.1	军事区
		7.2	其他特殊利用区
8	保留区	8.1	保留区

7.3.4 区划内容概要

按照《全国海洋功能区划（2011—2020年）》《浙江省海洋功能区划（2011—2020年）》的总体要求和海洋功能区划分类体系、指标体系，依据全市沿海海域自然环境特点、自然资源优势和社会发展需求，宁波市海域共划分43个一级类海洋基本功能区，其中海岸基本功能区共31个，近海基本功能区共12个（表7-3至表7-5）。

表 7-3 宁波市海洋基本功能区

海洋功能区类型		海洋基本功能区统计			
代码	类型	数量（个）	面积（公顷）	大陆岸线（千米）	海岛岸线（千米）
1	农渔业区	7	361 921	352	242
2	港口航运区	7	30 544	127	176
3	工业与城镇用海区	9	42 245	187	28
4	矿产与能源区	—	—	—	0
5	旅游休闲娱乐区	8	17 611	97	171
6	海洋保护区	5	198 360	26	99
7	特殊利用区	3	9 809	0	0
8	保留区	4	143 569	20	0
	合计	43	804 059	809	716

表 7-4　宁波市海岸基本功能区

海岸功能区类型		海岸基本功能区统计			
代码	类型	数量（个）	面积（公顷）	大陆岸线（千米）	海岛岸线（千米）
A1	农渔业区	5	88 411	352	228
A2	港口航运区	7	30 544	127	176
A3	工业与城镇用海区	9	42 245	187	28
A4	矿产与能源区	—	—	—	—
A5	旅游休闲娱乐区	7	14 143	97	114
A6	海洋保护区	2	9 945	26	4
A7	特殊利用区	—	—	—	—
A8	保留区	1	8 361	20	—
	合计	31	193 649	809	550

表 7-5　宁波市近海基本功能区

近海功能区类型		近海基本功能区统计			
代码	类型	数量（个）	面积（公顷）	大陆岸线（千米）	海岛岸线（千米）
B1	农渔业区	2	273 510	—	14
B2	港口航运区	—	—	—	—
B3	工业与城镇用海区	—	—	—	—
B4	矿产与能源区	—	—	—	—
B5	旅游休闲娱乐区	1	3 468	—	57
B6	海洋保护区	3	188 415	—	95
B7	特殊利用区	3	9 809	—	—
B8	保留区	3	135 208	—	0
	合计	12	610 410	—	166

根据《浙江省市县级（区域性）海洋功能区划编制技术要求》，本次区划将 7 个一级类农渔业区和 7 个一级类港口航运区进一步细化划分为 57 个二级类海洋基本功能区，其中二级类海岸基本功能区共 49 个，二级类近海基本功能区共 8 个（表 7-6 至表 7-8）。

对于《浙江省海洋功能区划（2011—2020 年）》确定的工业与城镇用海区、旅游休闲娱乐区、海洋保护区、特殊利用区和保留区，完全继承省海洋功能区划分区方案，不进行二级类海洋基本功能区细化划分。

具体划分情况如下。

1）农渔业区

海岸基本功能区共划分一级类农渔业区 5 个，细化划分为 30 个二级类功能区，面积约 88 411 公顷，大陆岸线长约 352 千米，海岛岸线长约 228 千米。

近海基本功能区共划分一级类农渔业区 2 个，细化划分 8 个二级类功能区，面积约 273 510 公顷，海岛岸线长约 14 千米。

2）港口航运区

海岸基本功能区共划分一级类港口航运区 7 个，细化划分为 19 个二级类海岸基本功能区，面积约 30 544 公顷，大陆岸线长约 127 千米，海岛岸线长约 176 千米。

3）工业与城镇用海区

海岸基本功能区共划分 9 个工业与城镇用海区，面积约 42 245 公顷，大陆岸线长约 187 千米，海岛岸线长约 28 千米。

4）矿产与能源区

根据《浙江省海洋功能区划（2011—2020 年）》，宁波市所辖海域无矿产与能源区。

5）旅游休闲娱乐区

本次海岸基本功能区共划分 7 个旅游休闲娱乐区，面积约 14 143 公顷，大陆岸线长约 97 千米，海岛岸线长约 114 千米。

本次近海基本功能区仅划分 1 个旅游休闲娱乐区，即檀头山旅游休闲娱乐区，面积约 3 468 公顷，海岛岸线长约 57 千米。

6）海洋保护区

本次海岸基本功能区共划分 2 个海洋保护区，面积约 9 945 公顷，大陆岸线长约 26 千米，海岛岸线长约 4 千米。

本次近海基本功能区共划分 3 个海洋保护区，面积约 188 415 公顷，海岛岸线长约 95 千米。

7）特殊利用区

本次近海基本功能区共划分 3 个特殊利用区，面积约 9 809 公顷。

8）保留区

本次海岸基本功能区仅划分 1 个保留区，为杭州湾南岸保留区。其面积约 8 361 公顷，大陆岸线长约 20 千米。

本次近海基本功能区共划分 3 个保留区，面积约 135 208 公顷。

表 7-6　宁波市二级类海洋基本功能区

海洋功能区类型		海洋功能区统计			
一级类名称	二级类名称	数量（个）	面积（公顷）	大陆岸线（千米）	海岛岸线（千米）
农渔业区	农业围垦区	8	8 552	40	43
	养殖区	14	41 542	226	29
	增殖区	2	10 002	—	9
	捕捞区	8	256 604	13	124
	水产种质资源保护区	2	37 742	2	—
	渔业基础设施区	4	7 509	70	36

续表 7-6

海洋功能区类型		海洋功能区统计			
一级类名称	二级类名称	数量 （个）	面积 （公顷）	大陆岸线 （千米）	海岛岸线 （千米）
港口航运区	港口区	8	25 067	127	175
	航道区	3	2 462	—	1
	锚地区	8	3 015	—	—
合计		57	392 495	478	417

表 7-7　宁波市二级类海岸基本功能区

海岸功能区类型		海岸功能区统计			
一级类名称	二级类名称	数量 （个）	面积 （公顷）	大陆岸线 （千米）	海岛岸线 （千米）
农渔业区 （A1）	农业围垦区	8	8 552	40	43
	养殖区	11	25 264	226	29
	增殖区	2	10 002	—	9
	捕捞区	4	37 022	13	110
	水产种质资源保护区	1	92	2	0
	渔业基础设施区	4	7 509	70	36
港口航运区 （A2）	港口区	8	25 067	127	175
	航道区	3	2 462	—	1
	锚地区	8	3 015	—	0
合计		49	118 985	478	403

表 7-8　宁波市二级类近海基本功能区

近海功能区类型		近海功能区统计			
一级类名称	二级类名称	数量 （个）	面积 （公顷）	大陆岸线 （千米）	海岛岸线 （千米）
农渔业区 （B1）	农业围垦区	—	—	—	—
	养殖区	3	16 278	—	—
	增殖区	—	—	—	—
	捕捞区	4	219 582	—	14
	水产种质资源保护区	1	37 650	—	—
	渔业基础设施区	—	—	—	—

近海功能区类型		近海功能区统计			
一级类名称	二级类名称	数量（个）	面积（公顷）	大陆岸线（千米）	海岛岸线（千米）
港口航运区（B2）	港口区	—	—	—	—
	航道区	—	—	—	—
	锚地区	—	—	—	—
合计		8	273 510	—	14

注：（1）上述数据存在统计的四舍五入和图件量测的误差；
（2）"—"表示该数据不存在，"0"表示有数据，但四舍五入时小于1。

7.4 与相关规划的衔接情况

7.4.1 与《浙江省海洋功能区划（2011—2020年）》的衔接

本次宁波市海洋功能区划编制过程中，与《浙江省海洋功能区划（2011—2020年）》进行了充分衔接。

1）与《浙江省海洋功能区划（2011—2020年）》目标指标的衔接

为实现省级区划实现的主要目标指标要求，宁波市将严格实施围填海年度计划制度，合理控制建设用围填海使用规模。

存量围填海纳入功能区划管理，充分盘活存量围填海，规范存量围填海登记手续，促进海域集约节约利用。

至2020年，海水养殖用海的功能区面积达41 542公顷。

至2020年，全市建成海洋保护区面积达1 197平方千米。

至2020年，全市重点海域主要污染物排海量得到初步控制，实现近岸海域海洋功能区水质达标率50%。

至2020年，全市海域保留区面积达143 569公顷。

至2020年，大陆自然岸线保有长度不少于176千米。

至2020年，完成整治和修复海岸线长度达72.5千米。

2）与《浙江省海洋功能区划（2011—2020年）》海洋功能分区及管理要求的衔接

《浙江省海洋功能区划（2011—2020年）》划分了8个一级类功能区，并要求市县级海洋功能区划将农渔业区和港口航运区这两个一级类功能区细分到二级类。宁波市海洋功能区划严格按照要求进行了细分，将一级类功能区进一步细化，既尊重省功能区划，又体现了宁波市海域的实际情况。

此外，本次海洋功能区划与《浙江省海洋功能区划（2011—2020年）》在指导思想、基本原则、主要目标、各功能分区总体定位、区划实施保障措施等方面也做了充分衔接，较好地体现了浙江省海洋功能区划对宁波市海洋功能区划的指导作用。

7.4.2 与《宁波市城市总体规划（2006—2020年）》的衔接

《宁波市海洋功能区划（2013—2020 年）》与《宁波市城市总体规划（2006—2020 年）》中"一核两翼、两带三湾"的市域空间格局进行了全面衔接。

杭州湾湿地海洋保护区的划分与宁波北翼（包括余姚市、慈溪市和杭州湾新区）"浙东历史与生态文化旅游休闲基地"以及杭州湾区域"浙江省滨海生态保护区"的定位相适应。檀头山旅游休闲娱乐区、石浦旅游休闲娱乐区和花岙旅游休闲娱乐区等海洋功能区的划分与宁波南翼（包括奉化区、宁海县和象山县）"国际旅游休闲区、特色宜居健康新区"的定位相适应；石浦港口航运区、象山港农渔业区和西店工业与城镇用海区等功能区的划分则与宁波南翼"海洋经济示范区"的定位相适应；同时，象山港海岸湿地海洋保护区、韭山列岛海洋保护区与渔山列岛海洋保护区等功能区的划分与宁波南翼"国家海洋文化和生态保护区"的定位相适应。

7.4.3 与《宁波市土地利用总体规划（2006—2020年）》的衔接

《宁波市土地利用总体规划（2006—2020 年）》指出，宁波市土地生态环境中存在的一个主要问题是湿地数量减少，个别地方对湿地功能作用仍然缺乏足够认识，不能正确处理保护和发展的矛盾关系，在部分沿海区市出现了把重要湿地转为建设用地、工业用地的现象。

《宁波市海洋功能区划（2013—2020 年）》划分出象山港海岸湿地海洋保护区和杭州湾湿地海洋保护区两个重要功能区，在管理要求中明确指出"除海岸带整治和湿地规划外，禁止改变海域自然属性"，并严格规定了湿地海洋保护区的海水水质、海洋沉积物质量和海洋生物质量的执行标准，这与《宁波市土地利用总体规划》"强化湿地保护和水源地保护"的规划重点进行了充分衔接。

7.4.4 与《宁波－舟山港总体规划（2012—2030年）》的衔接

本次宁波市海洋功能区划充分贯彻落实国家建设宁波－舟山港一体化的战略意图，统筹安排各区域、各类行业及城市建设用海和保护用海。衔接主要体现在基本功能区的划分上，重点功能区继承细化了《宁波－舟山港总体规划（2012—2030 年）》的划分和功能定位。

本次海洋功能区划参考《宁波－舟山港总体规划（2012—2030 年）》要求，划分了镇海港口航运区、北仑港口航运区、鄞奉港口航运区、强蛟港口航运区、外干门港口航运区、乌沙山港口航运区、石浦港口航运区共 7 个一级类功能区，并将这些一级类功能区进一步细分为 20 个二级类功能区，满足《宁波－舟山港总体规划（2012—2030 年）》对重点港口、一般港口的细分需要。同时，根据"整合两港资源、加快两港一体化建设"的原则，细化各二级类功能区的兼容功能，引导海洋产业发展和岸线资源有序开发，实现集约化发展。因此，本轮海洋功能区划对海洋基本功能区的划分体现了对海洋交通运输、海洋旅游、临海工业等产业发展的空间支撑，体现了对宁波－舟山港一体化建设的高度重视，两者衔接较好。

7.4.5　与《宁波市滩涂围垦总体规划修编（2011—2030年）》的衔接

根据《宁波市滩涂围垦总体规划修编（2011—2030年）》，要求2011—2030年，宁波市规划续建和新建围涂项目30处，总规模74.6696万亩（1亩≈0.0667公顷），其中近期（2011—2015年）续建项目8处，总规模24.11万亩，近期新建项目12处，总规模36.386万亩；中期（2016—2020年）新建项目3处，总规模12.79万亩；另有中小围垦工程（4500亩以下）项目7处，总规模1.3936万亩。

在合理利用滩涂资源并注重保护生态系统的基础上，本次功能区划共划分了9个一级类工业与城镇用海区，44192公顷；10个二级类农业围垦区，8616公顷。区划不仅满足了合理开发、利用和保护资源，提高沿海防洪潮能力的需要，也为拓展发展空间，加快滨海开发区建设，发展海洋经济提供了保障，两者在面积和空间布局上都做了很好的衔接。

7.5　海洋功能区划中的海洋生态环境保护

海洋是我国经济社会可持续发展的重要资源和战略空间。当前，我国海洋经济发展战略已进入全面实施的新阶段，统筹协调海洋开发利用和环境保护的任务艰巨。坚持"在开发中保护、在保护中开发"的原则，合理配置海域资源，优化海洋空间开发布局，促进经济平稳较快发展和社会和谐稳定。

海洋功能区划是合理开发利用海洋资源、有效保护海洋生态环境的法定依据；是统筹协调各类海洋开发活动，优化配置海域空间资源，引导海洋经济转方式、调结构，推动海洋资源的科学开发，为海洋经济发展提供空间和资源保障。海洋功能区划通过约束和引导作用的发挥，不断强化海洋环境保护，实现规划用海、依法用海，有效推动了我国海洋经济健康稳定发展。

2012年3月3日，国务院批准了《全国海洋功能区划（2011—2020年）》；并于2012年10月10日同时批复了山东、浙江、江苏、福建、天津等8省市海洋功能区划，对建设用围填海规模、污水排放达标率等都做了明确规定。批复要求浙江省到2020年，全省建设用围填海规模控制在5.06万公顷以内，海水养殖功能区面积不少于10万公顷，海洋保护区面积达到管辖海域面积的11%以上，保留区面积比例不低于10%，大陆自然岸线保有率不低于35%，整治修复海岸线长度不少于300千米。

为实现省级区划的主要目标指标要求，宁波市将严格实施围填海年度计划制度，合理控制建设用围填海使用规模。存量围填海纳入功能区划管理，充分盘活存量围填海，规范存量围填海登记手续，促进海域集约节约利用。至2020年，海水养殖用海的功能区面积达41542公顷；至2020年，全市建成海洋保护区面积达1197平方千米；至2020年，全市重点海域主要污染物排海量得到初步控制，实现近岸海域海洋功能区水质达标率50%；至2020年，全市海域保留区面积达143569公顷；至2020年，大陆自然岸线保有长度不少于176千米；至2020年，完成整治和修复海岸线长度达72.5千米。

新海洋功能区划强化规划引导和约束，从规划顶层设计的角度加强了对海洋开发利用活动的引导和约束，更加突出了对海洋生态的保护。

1）海洋保护区

宁波市现有国家级海洋生态自然保护区 1 个和国家级海洋特别保护区 2 个，分别为韭山列岛国家级自然保护区，渔山列岛国家级海洋特别保护区和花岙岛国家级海洋公园。其中韭山列岛保护区总面积为 1 149.50 平方千米，渔山列岛保护区面积为 57 平方千米，合计为 1 206.50 平方千米，海洋保护区面积占全市管辖海域面积的 14.4% 以上，已超省海洋功能区划下达指标 1 197 平方千米。

2）整治和修复海岸线

重点对自然景观受损严重、生态功能退化、防灾能力减弱以及利用效率低下的海域海岸带进行整治修复。宁波市正在实施或在 2020 年前将要实施的海域海岸带整治共有 72.5 千米，主要有以下几种情况。

（1）沙滩整治修复。沙滩整治修复主要包括海床及沙滩乱石、垃圾清理，施工现场清淤和保护以及异地购沙和机械铺沙等。

（2）景观绿化建设。景观绿化建设，一方面指原有海岸形态的恢复，另一方面则是海岸景观的提升。前者包括塌方清运、裸露乱石清除、岩石修复以及受损岸线加固等；后者则涉及海岸绿化带的建设、海滨观景大道的铺设以及其他海岸空间的营造等。

（3）生态恢复。生态恢复指恢复已被破坏的生态系统原貌，再现其原有的生态面貌。

（4）陆源污染的治理。陆源污染是指陆地上产生的污染物进入海洋后对海洋环境造成的污染及其他危害。陆源污染物可以通过临海企事业单位的直接入海排污管道、沟渠和入海河流等途径进入海洋。在岸滩上弃置、堆放垃圾和废弃物也会对海岸带环境造成污染损害。因此，要做好海岸带的整治修复，对陆源污染进行治理也是一个重要方面。

（5）海塘的修复和加固。宁波市需要进行修复和加固的海塘较多，主要分布在象山县，包括下沈海塘、大燕山海塘、爵溪东塘、万丈涂海塘、后华塘、湖莱港海塘、平岩头塘、布袋塘、路泗跳塘和长沙塘等。

第8章 浙江省海洋生态环境保护 "十三五" 规划及研究

8.1 浙江省海洋环境保护"十二五"规划回顾

8.1.1 规划主要内容

为了切实保护海洋环境，维持海洋生态系统的良性循环，保障海洋资源的可持续利用，实现海洋生态文明建设目标，浙江省发展和改革委员会于2012年2月13日印发了《浙江省海洋环境保护"十二五"规划》（以下简称《"十二五"规划》）。

"十二五"规划以科学发展观为指导，以和谐发展为理念，以海洋资源和海洋生态环境条件为基础，坚持利用与保护并重，坚持统筹规划与分步实施，坚持海陆联动与区域协作，坚持制度创新与技术创新共举，坚持政府引导与市场运作相结合，紧紧围绕浙江海洋经济发展示范区建设，提出了"十二五"规划总体目标。根据《"十二五"规划》，到2015年，海洋环境保护的法规和管理体制建设得到进一步完善；海洋功能区环境控制指标基本实现；入海污染源和污染物总量得到有效控制，海洋污染程度减轻，严重污染面积减少。海洋环境保护与海洋生态修复的技术和能力有所提高，沿海和岛屿地质灾害的调查与防治、沿海地质遗迹的调查与保护工作有序开展，海洋生态环境区域监控与预警体系基本建立。典型海域的生态系统健康指数有明显提高（表8-1）。

为使浙江省海域环境处于良好状态，海洋生态系统逐步进入良性循环，各类海洋生态环境得到科学合理的保护，"十二五"规划依据主要入海河口海域环境区、沿岸产业集聚区海域环境区、重点港湾海域环境区、近海与岛屿海域环境区和外海海域环境区的区域划分，针对各区域的突出环境问题，围绕其环境功能定位与环境质量控制目标，提出了海洋环境保护规范性制度建设工程、海洋环境监测预报和防灾减灾能力建设工程、沿岸环境整治与污染控制工程、重点海湾海域环境治理与生态修复工程、近海海域生态修复建设工程和海洋功能区环境质量控制工程六大重点工程。

表 8-1 "十二五"时期规划指标

指标内容	指标额
近海海洋功能区水质达标率	32%
近岸清洁海域面积	15%
新建区域海洋生态修复示范区	2～3 个
新建海洋牧场示范区	5 个
新建省级以上海洋特别保护区（含海洋公园）	5 个
象山港、乐清湾等重点港湾大米草治理率	40% 以上
象山港、乐清湾等重点港湾滨海湿地恢复生态功能	50% 以上
生态环境保护与利用示范岛	2～3 个
出台《浙江省海洋生态损害赔（补）偿办法》	

8.1.2 "十二五"期间海洋环境保护取得的成绩

"十二五"期间，浙江省坚持生态统领，深入实施海洋环境保护"十二五"规划，扎实推进近岸海域污染防治和蓝色屏障建设等行动，积极开展海洋生态文明建设工作，切实保护海洋环境，努力修复海洋生态，取得了较好的成效。

1）海洋生态环境质量总体稳定

"十二五"期间，浙江省海域劣四类和第四类海水海域面积比例均值约为 57.8%，第一、第二类海水海域面积均值约为 27.6%，与"十一五"期间基本持平。近岸海域沉积物质量总体良好，除铜、锌、石油类和滴滴涕少数测站超标外，其他监测因子基本符合第一类海洋沉积物质量标准。海洋生物多样性基本保持稳定，浮游植物种类数稍有波动，浮游动物和底栖生物种类数略有上升。杭州湾、乐清湾、象山港、三门湾等 6 个主要港湾水质总体有所改善。

2）近岸海域污染防治稳步推进

通过落实钱塘江、甬江、椒江、瓯江、飞云江、鳌江及入海溪闸污染物入海量目标和强化对直排海企业的污染整治，控制和减少了陆源污染物入海总量，同时加强海水养殖污染防治和船舶、港口污染综合防治，基本形成了《浙江省近岸海域污染防治规划》引领、多个海湾污染整治重点推进的格局，陆海联动推进近岸海域污染综合防治取得实效。

3）海洋生态保护工作初见成效

新建了 4 个海洋自然保护区和海洋特别保护区，保护区总数达 14 个，海域面积超过 2 700 平方千米。新建水产种质资源保护区 7 个（其中国家级 2 个），保护重点渔业资源和关键栖息场所 280 多万公顷；开展 6 个海洋牧场建设项目，投入各种礁体 26 万空立方米，放流各类苗种 8 600 万尾。对舟山普陀山岛、温州南麂岛等 20 个海岛开展了环境整治、生态修复和保护，并组织实施了海湾湿地保护与修复和海岸带生态修复等一大批项目。象山县、玉环市、洞头区、嵊泗县已先后获批成为国家级海洋生态文明建设示范区。

4）海洋环境监测水平逐步提升

通过自建、共建和协作等方式，建立了 28 个海洋环境监测站（中心），初步形成基本覆盖浙江近岸海域的海洋环境质量监测网。组织实施了全省近岸海域环境、入海排污口、赤潮应急等多项监测，新增监测指标 10 余项；率先在全国组织实施重点港湾、主要入海江河及主要入海排污口的月度监测与通报制度。

5）海洋生态环境保护机制探索取得进展

在温州市试点建立海洋生态红线制度，为重要海洋生态功能区、生态敏感区和生态脆弱区提供保护；在象山港区域试点建立陆源入海污染物总量控制制度，为其他地区污染物排放总量控制提供良好示范；在洞头区试点建立海洋资源环境承载力监测预警制度，为超载区域制定限制性措施提供技术支撑。

8.1.3 "十二五"期间海洋环境保护存在的问题

"十二五"以来，虽然浙江省海洋生态环境保护工作取得了较明显的阶段性成果，但仍存在一些重要问题，主要表现在以下几方面。

1）海洋生态环境治理任务艰巨

以 2015 年为例，仅海洋部门监测的钱塘江等 6 条主要河流就携带入海化学需氧量（COD_{Cr}）等主要污染物 270 万吨左右，48 个入海排污口全年排放入海污水总量约达 5.8 亿吨，陆源入海污染物总量仍居高不下。大量海洋工程、港口海运等沿海开发活动给海洋生态环境带来巨大压力；海洋捕捞强度大大超过渔业资源承受能力（年均捕捞量超出最大可捕量的 54%），部分水产养殖方式不尽合理，近岸水质恶化、赤潮频发、自然景观受损、经济鱼类小型（低龄）化等趋势仍未得到根本遏制，近岸海域海水无机氮和活性磷酸盐等超标严重，重要生态服务功能下降，部分区域生物多样性降低，生态系统总体处于亚健康状态，海洋生态环境亟须治理修复。

2）海洋环境保护制度有待完善

重要生态区域划定及针对性保护、资源环境承载能力预警等生态环境保护制度滞后于监管需求；管理部门之间力量分散、协调配合不足的现象在一定程度上依然存在，陆海联动的海洋环境污染综合防治机制有待进一步推进和完善。

3）海洋环境监管能力仍显不足

浙江省海洋环境监测网络还存在范围和要素覆盖不全，信息化水平和共享程度不高，各级监测经费保障不充分，海洋环境监测整体能力有待提高等问题。海洋环境风险管控和应急能力建设薄弱，海洋环保执法队伍、监管能力、管理手段存在一定短板，尤其是近岸养殖和海岸工程的环保监管能力亟待加强。

8.2 浙江省海洋生态环境保护"十三五"规划编制过程

8.2.1 编制背景

浙江是海洋大省,资源优势明显,区位条件独特,在国家"一带一路"和海洋战略中具有举足轻重的地位。近年来,按照省委省政府的战略部署,坚持以海洋生态文明建设为统领,着力加强海洋综合管理,促进海洋经济两大国家战略实施。"十二五"期间,浙江省海洋环境保护工作有计划有步骤地稳步推进,取得了一定的成效。制定了《浙江省海洋环境监测管理规定》《浙江省近岸海域污染防治规划》等法规和规范性文件,使得海洋环境保护工作有法可依,有章可循;建立了一批海洋保护区和海洋牧场,开展了多个海域海岛生态保护与整治修复工程,环境、资源、生态保护稳步推进;开展"一打三整治"专项活动,为渔场修复振兴奠定基础;落实了重要河流及入海溪闸污染物入海量控制,降低了直排海污染源数量;开展了海洋生态红线试点项目前期工作,对海洋环境保护的示范做出了有益尝试。但不可忽视的是,浙江省近岸海域海洋环境质量仍不容乐观,河口区污染较为严重,港湾、海岛等海洋生态系统损害趋势尚未得到完全控制,区域环境问题呈现出多样化特征。

中共中央、国务院高度重视生态文明建设,先后出台了一系列重大决策部署,推动生态文明建设取得了重大进展和积极成效。《关于加快推进生态文明建设的意见》提出,严格控制陆源污染物排海总量,建立并实施重点海域排污总量控制制度,加强海洋环境治理、海域海岛综合整治、生态保护修复,有效保护重要、敏感和脆弱的海洋生态系统。《国家海洋局加强海洋生态文明建设工作方案》提出严格海洋环境监管与污染防治、加强海洋生态保护与修复均为海洋生态文明建设的重要任务。

"十三五"规划的 5 年,浙江省海洋环境保护仍任重而道远。面对复杂而艰巨的海洋环境保护形势和任务要求,需要正确认识当前的环境形势以及环境保护问题。鉴于此,编制《浙江省海洋生态环境保护"十三五"规划》以下简称《规划》,对进一步明确浙江省海洋环境保护的规划体系、规划目标及基本策略,对于破解资源环境约束、改善海洋环境质量、推动海洋环保工作实现新突破具有重要意义。

8.2.2 重点与难点

《规划》是浙江省关于海洋生态环境保护的一部综合规划。由于海洋环境复杂,且海洋环境的综合保护措施及方法仍处于探索阶段。因此,《规划》编制工作的重点与难点主要有以下几个方面。

1)承上启下,有效引领

《规划》是浙江省今后一个时期海洋生态环境保护的行动指南,不仅要体现国家生态保护相关规划和生态文明建设实施方案对浙江省海洋环境提出的要求,又需要具体指导沿海各市县海洋环境"十三五"规划的落实。

2）前后衔接，大小结合

《规划》在总结"十二五"规划完成情况的前提下，针对浙江省的实际情况及各市县的具体要求，将规划目标及任务逐一分解落实。

3）立足现实，放眼未来

《规划》将引领"十三五"期间具体的生态环境保护工作，因此必须立足目前浙江省海洋环境的状况，具体提出"十三五"期间所要解决的问题。

4）可抓可控，软硬结合

《规划》落地实施必须可抓可控。此外，在落实具体工程等硬性任务外，同步推进管理机制、监管能力等软性工程。

8.2.3 编制过程

在厘清《规划》编制重点难点后，编制组开展了大量的前期工作，主要工作过程如下。

1）部署工作，明确任务

首先，召开规划编制部署会，对《规划》大纲（初稿）进行了讨论，要求各单位提供相关素材。

2）研究讨论，形成框架

在《规划》大纲确定后，召开了《规划》编制工作讨论会，对《规划》编制过程中相关问题进行了咨询和讨论。

3）走访调研，充实内容

为了编制出对海洋生态环境保护工作具有实际指导意义的《规划》，编制组赴温州、台州、舟山及宁波等地进行了实地调研，收集了《温州市海洋环境保护规划（2016—2020年）》（讨论稿）、《宁波市海洋环境保护"十三五"规划》（讨论稿）、《玉环县海洋与渔业"十三五"发展规划（2016—2020年）》（讨论稿）等第一手资料，并认真听取了各市县的意见及建议。

4）征求意见，修改完善

《规划》（征求意见稿）形成后，发送至省发展与改革委员会、省财政厅、省环保厅、省海事局、省水利厅、省交通厅、省建设厅、省农业厅等各相关省厅部门和局内相关各处室，同时发送沿海各市、县相关部门征求意见，意见汇总后，按照征求的意见，进一步做好与相关规划的衔接，并修改完善。

8.3　浙江省海洋生态环境保护"十三五"规划

海洋是浙江的希望和未来，也是最大的发展潜力所在。良好的海洋生态环境是建设海洋生态文明，促进人海和谐共存与发展的重要基础和根本要求。"十三五"时期是浙江省加强海洋生态环境保护，推进海洋生态建设，提高海洋资源整合利用能力，促进海洋经济发展方式转变,推动沿海地区经济社会和谐、持续、健康发展的关键时期。为进一步明确浙江省海洋生态环境保护的总体思路、工作目标和重点任务,根据《中华人民共和国海洋环境保护法》《中华人民共和国海域使用管理法》《中华人民共和国海岛保护法》《浙江省海洋环境保护条例》等法律法规,按照《浙江海洋经济发展示范区规划》《国家海洋局海洋生态文明建设实施方案(2015—2020 年)》《关于〈中共浙江省委关于制定浙江省国民经济和社会发展第十三个五年规划的建议〉的说明》等精神与要求,结合浙江省海洋生态环境现状制定《浙江省海洋生态环境保护"十三五"规划》,实施期限为 2016—2020 年。

8.3.1 面临形势

近年来,随着国家对生态环境保护的重视程度不断增加,政治、经济、法制、社会等基础不断夯实。一是生态文明建设已经融入经济社会发展的各方面与全过程,并提到了前所未有的高度,成为沿海各级党委政府的重要政治任务;二是科学发展、绿色发展、转型发展成为新常态下的经济发展主旋律,将从根本上减轻海洋资源环境的压力;三是随着新的《中华人民共和国环境保护法》的全面实施和生态文明考核等制度的出台,相关环保法律法规制度体系逐步完善,海洋生态环境保护有法有据;四是生态文明和环境保护理念不断普及,全社会共建共享美丽海洋的合力不断聚集。此外,浙江省委省政府以建设"两美"浙江、推进"五水共治"和浙江渔场修复振兴等战略部署倒逼传统经济转型升级,将生态理念具体化,为浙江省海洋生态环境保护工作提供了新抓手。

与此同时,在长期积累的素质性、结构性海洋生态环保问题尚未得到根本解决的基础上,"十三五"时期经济快速发展又将带来新的污染增量,经济社会发展需求与海洋资源环境承载力的矛盾仍将较为突出。除此之外,海洋环境污染受外源性影响较大,自身成因复杂,综合治理较为困难,实现海洋生态环境质量根本性、持续性改善仍将是一个长期的过程,日益复杂的形势和日趋艰巨的任务给"十三五"期间海洋生态环境保护工作带来了严峻挑战。

8.3.2 总体思路

8.3.2.1 指导思想

全面贯彻落实习近平总书记关于生态文明建设系列讲话精神,紧紧围绕建设海洋强省和高水平全面建成小康社会的总目标,以海洋生态环境保护和资源节约利用为主线,以改善海洋生态环境质量为核心,坚持问题导向、需求牵引,以改革创新为动力,以综合治理和制度能力建设为重点,以重大工程项目为抓手,着力推进陆海联动污染防治,着力加强海洋生态环境保护和修复,着力完善体制机制,着力提升基础保障能力,努力促进浙江省海洋生态环境质量保持稳定,统筹海洋经济的持续发展和海洋资源的合理利用,为高水平全面建成小康社会提供有力支撑。

8.3.2.2 基本原则

坚持生态优先,绿色发展。坚持生态优先,走绿色发展之路,促进人与自然和谐共生;坚持改善海洋生态环境质量,以环境、资源的可持续利用支持社会经济可持续发展。

坚持统筹协调，多措并举。坚持陆海统筹，实施陆海联防共治，严格控制陆源污染物向海洋排放；推进区域协作，建立联合行动机制，促进区域海洋生态环境健康发展；坚持综合防治，协调推进海洋生态环境监督管理、污染防治、监测评价、应急响应和生态保护等各项工作，形成合力。

坚持点面结合，整体推进。既将全省的沿海地区作为一个整体来综合推进，又通过选择在典型区域和关键环节开展示范工程，进行重点突破，以点带面推动全省海洋生态环境保护工作。

坚持改革创新，公众参与。以改革促完善，充分发挥各级党委、政府的主导作用，积极鼓励引导社会公众参与，形成党委政府主导、部门分工协作、全社会共同参与的海洋生态环保工作格局。

8.3.2.3 规划目标

1）总体目标

到 2020 年，浙江海洋生态环境质量总体保持稳定，海洋生态环境保护工作机制得到完善，海洋生态环境管理保障能力明显增强，海洋生态文明建设取得阶段性成效。

2）主要指标

到 2020 年，近岸海域海水水质保持稳定，创建省级以上海洋生态建设示范区 10 个；岸线整治修复长度达到 300 千米，海岛整治修复数量达到 15 个，大陆自然岸线保有率不低于 35%，海岛自然岸线保有率不低于 78%；划定海洋保护区面积占全省海域总面积比例达到 11%，建设海洋牧场 6 个；增殖放流水生生物苗种 70 亿单位；划定海洋生态红线面积占全省海域总面积的比例不低于 30%（表 8-2）。

表 8-2 浙江省海洋生态环境保护"十三五"时期规划指标

主要指标	指标额
近岸海域海水水质	保持稳定
创建省级以上海洋生态建设示范区	10 个
岸线整治修复长度	＞300 千米
海岛整治修复数量	15 个
大陆自然岸线保有率	≥35%
海岛自然岸线保有率	≥78%
海洋保护区面积占所辖海域面积比例	≥11%
建设海洋牧场	6 个
增殖放流水生生物苗种	70 亿单位
划定海洋生态红线区面积占所辖海域面积比例	≥30%

8.3.3 主要任务

8.3.3.1 加强海洋环境整治，改善海洋生态环境质量

依托"五水共治""一打三整治"等工作，全面实施水污染防治行动计划，深入推进海洋环境污染整治，努力促使海水富营养化得到有效控制，近岸海域生态环境稳中趋好。

1）严控陆源污染物入海

深入实施"河长制"工作，重点抓好流域污染控制和近岸海域污染防治，努力提高钱塘江、甬江、椒江、瓯江、飞云江、鳌江等入海河流和溪闸水质，推进象山港入海污染物总量控制示范工程。根据水污染防治行动计划要求，研究建立浙江省重点海域和沿海各设区市的总氮排放总量控制制度。同时稳步推进工业重污染行业整治，加快推进城镇污水处理提标改造、脱氮除磷等工作，加强农业农村和河道污染治理，充分运用总量削减等手段，控制和减少污染物入海量。进一步深化沿海地区特别是直排海企业的污染整治，开展入海排污口监测和巡查，对未达标排放的入海排污口进行整治，全面清理非法或设置不合理的排污口以及经整治仍不能实现达标排放的排污口。加快推进沿海工业园区污水集中处理工程建设和提标改造，建立重金属、有机物等有毒有害污染物排放企业的管控制度；引导园外企业向园区内集聚，最大限度削减零星企业向海域排放污染物。

2）开展水产养殖污染防治

对象山港、三门湾、乐清湾等沿海重点养殖区域进行养殖容量调查，确定适宜的海水网箱投放数量，分步整治削减近岸及港湾传统小网箱数量，从源头上减少水产养殖污染。积极发展浅海贝藻类生态健康养殖模式，引导发展海水池塘循环水养殖和工厂化循环水养殖，适度发展离岸智能型深水网箱、大围网和拦网，加快推进海水养殖塘生态化改造，努力实现清洁化生产。大力推广配合饲料替代冰冻小鱼养殖，逐步实现海水养殖全面使用绿色人工配合饲料。到 2020 年，海水养殖塘清洁生产全面推广，主要海水养殖品种的配合饲料得到普遍应用。

3）深化船舶污染整治和海洋倾废监管

全面开展船舶防治油类污染、防垃圾污染、防污底系统等设施设备配置工作，加强对船舶尤其是危化品船舶锚泊、装卸活动监管，加快港口、码头污染物接收、转运及处置设施建设，提高垃圾、含油污水及化学品洗舱水的接收处置能力。强化船舶危险品作业和涉污作业现场监管，重点加强船舶防污染监督检查，严厉查处船舶污染物违法排放。规范拆船行为，禁止冲滩拆解。严格海洋工程建设项目环评和审批，加强动态执法监管，对海洋倾倒区特别是对重大疏浚项目进行跟踪监视，实现海洋倾废的海陆同步监督管理。

4）深入推进"一打三整治"专项行动

继续严厉打击涉渔"三无"船舶及其他各类非法行为，建立涉渔"三无"船舶防控体系，落实属地监管责任，坚决防止反弹回潮；持续开展捕捞渔船"船证不符"和渔运船整治，建立健全捕捞渔船、渔运船更新改造监管体系；全面开展禁用渔具整治，坚决打击制造、销售、

维修、随船携带、使用国家和省规定的禁用渔具的行为，整治规范捕捞渔船"证网不符"行为，逐步推广使用符合最小网目尺寸标准渔具。

8.3.3.2 开展海洋生态修复，构建海洋生态建设格局

以提升生态系统服务功能为目标，加强海洋生态建设，推进海洋生态整治修复，形成近岸（海岛、岸线）整治修复、近海海域生态建设各有侧重的生态环境保护修复格局，加快推进海洋生态建设。

1）推进港湾岸线海岛整治修复

深入实施浙江省近岸海域污染防治规划和海湾污染综合整治方案，推动 3 个污染严重的重点海湾综合治理，完成 9 个沿海城市毗邻重点小海湾的整治修复，全面提高湾区环境质量。坚持自然恢复与人工修复相结合，整治 300 千米以上海岸线，修复受损岸滩，打造公众亲水岸线。因地制宜开展滨海湿地、河口湿地生态修复，推进盐沼植物、红树林种植工程，加强对杭州湾、象山港等滩涂湿地的保护和生态修复，通过退养还滩等方式改善滩涂湿地的生态环境。选取 15 个典型海岛开展环境整治和生态修复，推进受损海岛的地形地貌和生态系统恢复。

2）加强海洋保护区与海洋牧场建设

深入开展已建海洋自然保护区和特别保护区建设管理工作，加快各类基础设施和管护设施建设，全面提升管护能力。在现有基础上继续开展海洋自然（特别）保护区和海洋公园建设，新建 3 个海洋特别保护区，完善海洋生态安全屏障，推进候鸟栖息地保护。推进产卵场保护区划定，强化浙江渔场主要渔业资源品种"三场一通道"保护；创新建设与管理新技术、新模式，大力推进海洋牧场建设；加大渔业资源增殖放流力度，促进海洋重要渔业资源恢复。力争到 2020 年，海洋保护区面积占省管辖海域总面积的 11% 以上，建设 9 个产卵场保护区、6 个海洋牧场，增殖放流各类水生生物苗种 70 亿单位。

3）推进海洋生态建设

以海洋生态建设示范区创建工作为抓手，统筹海洋生态环境保护、海岛与海岸带整治修复、海洋资源要素保障、海洋文化建设、海洋综合管理保障等多个方面，以重大项目和工程为抓手，建立完善示范区工作机制，规范示范区建设与管理，积极探索海洋生态建设有效模式，综合提升海洋生态建设水平和海洋综合管理能力。到 2020 年，创建 10 个省级以上海洋生态建设示范区。

8.3.3.3 完善制度机制建设，夯实海洋环境治理基础

围绕探索建立三大制度，实施系列改革举措，完善海洋环境治理基础，持续深化海洋生态环保工作，推动和服务绿色发展。

1）完善海洋生态红线制度

完成全省海洋生态红线划定工作，在温州市海洋生态红线制度试点的基础上，将重要、敏感、脆弱海洋生态系统纳入海洋生态红线管控范围，实施强制保护和严格管控。制定海洋生态红线监督管理办法或配合国家海洋局制定相关管理规定，实现海洋生态红线的常态化监管。

2）探索海洋生态补偿制度

建立海洋开发活动和海洋污染引起的海洋生态损害补偿制度，制定并推进出台《浙江省海洋生态损害补偿办法》，形成海洋生态损害评估和海洋生态损害跟踪监测机制，探索对重点生态保护区、红线区等重点生态功能区的转移支付制度，沿海各市分别建立一个县（市、区）级海洋生态损害补偿试点。

3）建立海洋资源环境承载力预警机制

以县域为单位开展区域海洋资源要素、环境要素、社会经济要素等综合调查，完成海洋资源环境承载力研究及评估，定期编制预警报告。建立海洋资源环境预警数据库和信息技术平台，在重点海域推进构建海洋资源环境实时监测监控系统，加大数据共享力度，逐步建立多部门、跨区域协调联动的海洋资源环境监测预警体系。

8.3.3.4 推进基础保障建设，提升海洋环境监管能力

以加强执法能力和监测能力建设为重点，同步推进应急处理能力，形成与海洋环境保护工作推进相匹配的管理保障能力，不断提升综合监管系统化、科学化、法制化、信息化水平。

1）提升海洋环境执法能力

着力构建人防技防相结合的"五化体系"（队伍专业化、制度规范化、装备精良化、指挥信息化和管控常态化），全方位推进浙江省海洋环境执法能力现代化建设。加强执法装备建设，提升基础保障能力和水平。强化科技支撑，提高综合管控和服务能力。加强执法综合管理系统建设，构建集接警调度、统一指挥等功能于一体的指挥系统，全面提升执法信息化水平。加强执法队伍建设，深入开展执法人员岗位培训和考核考评，深入开展岗位大练兵、技能大比武，不断提高执法人员综合素质和依法行政能力。

2）提高海洋环境监测能力

统一规划、整合优化海洋环境质量监测基础站点，形成布局合理、功能完善的全省海洋环境质量监测网络。健全入海污染源监督监测，加强对入海直排口和入海江河携带污染物的监督评估。不断提升水质在线监测能力，实现重要海洋功能区常规水质监测自动化。推进卫星遥感监测能力建设，建立海洋生态环境卫星遥感监测省级应用平台。加强对有毒有害污染物监测的能力建设。逐步建立海洋环境质量综合评价体系。构建海洋环境监测大数据平台，加强监测数据资源开发与应用，建立全省海洋生态环境监测数据共享机制和共享平台，依法建立统一的海洋环境监测信息发布机制。

3）增强海洋生态环境应急响应能力

加强海洋生态环境风险监测与预警，开展全省重要港湾和生态敏感海域环境监测与评估，建立健全应急响应机制，制定海洋溢油、化学品泄漏、赤潮、核事故等海洋环境灾害和突发事件应急预案，加强海洋环境灾害关键预警预报技术研究与应用，加强省市县三级海洋灾害应急指挥协调能力，提高环境风险防控和突发事件应急响应能力。

8.3.4 重点工程

组织实施"蓝色海湾"综合治理、美丽黄金海岸带综合整治、海洋生态环境保护与修复、海洋生态建设示范区创建、海洋生态环境保护制度建设和海洋环境监管能力提升六大重点工程。

8.3.4.1 "蓝色海湾"综合治理工程

综合实施蓝色海湾整治行动，统筹推进杭州湾、象山港、三门湾3个重点海湾和浦坝港、台州湾、隘顽湾、漩门湾、乐清湾、温州湾、大渔湾、渔寮湾、沿浦湾9个重点小海湾的综合治理，促进近海水质稳中趋好，受损岸线、海湾得到修复，滨海湿地面积不断增加。同时，因地制宜开展污染物总量控制、生态环境综合治理、水质污染防治等环境整治工程，全面提高湾区环境质量。

1）污染物总量控制示范（象山港）

在象山港海域实施入海污染物总量控制示范工程，系统调查面源、点源、养殖等污染物排放量，确定削减比例、削减总量等污染物总量控制目标任务，制定减排分解方案，同步配备陆源污染物在线监测设备和海上环境在线监测设备，动态监督总量控制成效。

2）水产养殖污染防治

开展配合饲料替代冰冻小杂鱼行动，重点在海水鱼类、蟹类养殖中普及推广配合饲料，并研究出台相关补助政策；积极开展陆基海水集约化循环水养殖工程建设，到2020年建设50个海淡水池塘循环水和工业化循环水养殖系统试点；加快推进海水池塘的生态化改造，建设一批集中连片的生态养殖小区，到2020年，建设30个养殖管理规范、尾水集中处理、环境优美的清洁养殖小区；开展浅海养殖空间拓展工程，建设防浪消浪设施，拓展浅海养殖空间3 333公顷，发展浅海贝藻养殖、深水网箱和铜围网设施养殖。

3）生态环境综合治理

探索港湾环境容量调查评估，严格控制湾内围填海规模，保护海岸带湿地和自然岸线宝贵资源；加强堤塘改造，打造生态护岸，营造海陆生态缓冲区。开展河道、岸滩生态示范工程建设，加强生态清淤、河面保洁、堤防加固和生态修复工程。积极开展大米草等外来物种治理，促进湿地生态功能恢复，建立1～2个大米草人工治理示范点。

8.3.4.2 美丽黄金海岸带综合整治工程

通过实施海岸线统筹保护、入海污染管控、岸线整治修复、生物资源恢复、滨海景观建设和海洋文化挖掘，在宁波、舟山、台州、温州等地开展海洋空间整治修复与保护，优化海岸线空间布局和协调管理，整治修复300千米以上海岸线，发掘开发一批海洋物质文化和非物质文化景点，新建改建滨海公园、人工沙滩、特色渔村、海岸绿道等滨海生态走廊200千米，打造"美丽黄金海岸带"。

1）综合整治修复

对海岸侵蚀等情况较为严重的岸段，采用修建近岸防护堤、海岸养护、海滩喂养等主动措施，理顺近岸海域海流，维护海岸自然系统平衡，防治海洋灾害。对于不合理海岸工程布局所造成的侵蚀区，采用拆除或增设部分填海区等措施重新构筑平衡态势下的海岸格局，确保损失最小。对于围填海后沉降明显区域进行整治，采取工程措施防止对已有工程设施和居民生活造成影响。依据城乡规划、风景名胜区规划等，对风景名胜区及重要旅游区、大中城市毗邻海域具有开发潜力的海岸和海域，进行科学的景观设计与规划，通过滨海休闲长廊、海岸公园、滨海步行道等海岸景观建设，营造适宜群众亲水的海岸环境，整体提升区域景观质量，改善沿岸人居环境。

2）景观整治修复

拆除或修缮海岸人工设施，恢复自然岸线及海岸原生风貌和景观。选择严重影响海岸生态环境的围海人工岸线区段，制定科学的工程方案，逐步恢复本底自然海岸的原生风貌和景观格局。选择重点受损沙滩区域，遵循海岸演变的自然规律，依据海域的水动力条件和泥沙输运模式，选择科学合理的人工海滩喂养方案，使人工海滩达到平衡状态并维持稳定。

3）空间资源整理

针对空间资源利用效率较低的海域进行整治与整理，为海域开发提供更充足的空间保障。对影响正常海域使用、损害海岸健康的废置堤坝、围塘以及海洋工程垃圾、生产废弃物等进行清理。依据其破坏和影响程度，制订清理计划，实现海洋工程废弃物的减容减量，减小近岸环境风险，增强海岸和近岸海域开发空间潜力。

8.3.4.3　海洋生态环境保护与修复工程

1）海洋保护区建设与管理

加强现有各级各类海洋保护区建设，完善对海洋保护区的管理和保护，全面推进海洋自然保护区、海洋特别保护区和海洋公园的选划与建设工作，逐步建立区域性海洋生态系统保护网，形成浙江近海海域海洋保护带，维持海洋生态系统的完整性。争取到 2020 年，海洋保护区总面积达到 5 000 平方千米左右，占浙江省管辖海域面积的 11% 以上，形成类型齐全、分布合理、面积适宜、建设和管理科学的全省海洋保护区带。海洋保护区法律法规体系得到完善，管理体制机制协调顺畅；建设基础进一步夯实，综合管护能力大幅度提高，海洋保护区建设各项工作走在全国前列。

2）渔业资源保护与恢复

积极推进水产种质资源保护区、产卵场保护区建设；在舟山普陀中街山列岛、嵊泗马鞍列岛、渔山列岛、台州大陈、温州平阳、洞头等海域建设 6 个海洋牧场示范区，累计投放人工鱼礁 120 万空立方米。新建一批规模化贝藻鱼生态养殖示范基地，形成以碳汇渔业为主体的现代渔业示范园区，力争到 2020 年浅海贝藻养殖总面积达到 2 万公顷；增殖放流水生生物苗种 70 亿单位，努力促进浙江主要渔场生态环境和渔业资源状况的改善和修复。

3）滨海湿地修复

因地制宜开展滨海湿地修复，在宁波、舟山等地选择有代表性的湿地开展芦苇、碱蓬种植项目；在台州、温州等地选择气候、土壤适宜的地区开展红树林种植项目。到2020年，全省滨海重要湿地环境状况有所改善。

4）海岛生态整治修复

选取典型海岛开展整治修复工程，加强海岛岸线、岛体修复和海岛生态环境监测，严格海岛利用功能管控和开发价值评估，滚动实施海岛整治修复项目，恢复受损海岛的地形地貌和生态系统。到2020年，完成15个海岛的生态整治修复。

8.3.4.4 海洋生态建设示范区创建工程

继续推进国家级海洋生态文明建设示范区建设工作。统筹海洋经济发展、海洋资源集约利用、海洋生态保护与建设、海洋文化建设、海洋综合管理保障等重点，通过自愿申请、逐级申报、评审考核，新建一批省级海洋生态建设示范区，以重大项目和工程为抓手，通过政策、资金等各种手段进行鼓励和支持，示范带动海洋生态建设工作，提高海洋综合管理水平。到2020年，创建省级以上海洋生态建设示范区不少于10个。

8.3.4.5 海洋生态环境保护制度建设工程

1）生态保护补偿制度建设

积极探索建立健全多元化补偿机制，按照"谁受益、谁补偿"的原则，加快形成受益者付费、保护者得到合理补偿的运行机制。推进建立省以下转移支付制度和省级生态保护补偿资金投入机制，加大对省级重点生态功能区域的支持力度。加强调研评估，加快推进《浙江省海洋生态补偿管理办法》立法进程，争取较大的市或省一级制定出台相关规章或规范性文件。

2）生态红线制度建设

进一步扩大海洋生态红线制度试点成果，开展浙江省海洋生态红线划定工作，最大限度保护自然岸线、海湾、海岛、湿地等海域自然资源，支撑浙江省沿海地区经济社会可持续发展。结合沿海经济发展的特点以及产业发展的需求，细化管控措施，为红线区的生态环境保护提供依据。推进红线管理制度，规范海洋生态红线的划定、调整及监督管理。到2020年，划定海洋生态红线区面积不低于本省管辖海域面积的30%。

8.3.4.6 海洋环境监管能力提升工程

1）海洋环境执法能力提升

按照"执法能力建设与海洋与渔业事业发展相适应、与承担任务相协调"的原则，全面实施"百船千人常态化巡航、执法配套设施建设、指挥一体化建设、监控体系建设、渔政铁军建设、群防群治"六大建设工程。重点建设执法专用码头8个，建造执法船艇28艘，配备集电子取证、定位、通信和移动执法等功能于一体的单兵执法系统，充分运用"互联网＋"和视频、雷达、无人机、卫星遥感、卫星终端等现代通信和信息技术，在浙江省沿海构筑一张

"空天海港陆"监测监视手段相互补充，融渔船、渔港、船厂、海域、海岛于一体，全天候的海洋环境综合管控网，全面提升执法指挥、动态监管和应急服务能力。

2）海洋环境监测能力提升

加强海洋环境监测网络建设，开展全省水质、沉积物和生物多样性环境质量状况监测，逐步开展对全省沿海入海直排口及邻近海域和入海河流的全覆盖监测，加强对杭州湾、象山港、舟山群岛海域、三门湾和乐清湾等重点港湾、典型生态敏感海域和赤潮监控区的预警监测，提升对海洋环境灾害和突发性海洋污损事件的应急响应能力。加强海洋环境监测基础能力建设，不断完善省市县三级海洋环境监测机构的装备建设。继续推进海上浮标自动监测系统建设，配套建设省市县三级数字化监控平台和岸基视频监控系统，新建一个海洋生态环境卫星遥感监测省级应用平台；新建省级新型污染物检测实验室，构建海洋环境监测大数据平台，利用物联网、智能传感器、云计算、数据挖掘、多元统计分析等技术，开发海洋环境质量监测数据综合分析工具与多维可视化表达工具，为各级政府和公众提供各类海洋环境质量监测综合分析数据产品服务，实现从监测信息到监测服务的跨越。

8.3.5 保障措施

1）加强组织领导

沿海各级党委政府要建立海洋生态环境保护领导负责制，加强对海洋生态环境保护工作的组织领导；环保、旅游、海洋、海事、港航、渔业、林业等部门之间要建立重大事项决策相互通报和协调机制，各司其职、各负其责、团结协作、密切配合，将相关工作任务和责任落到实处，有序推进"五水共治""一打三整治"等重要工作的实施，共同做好全省海洋生态环境保护工作，有计划、有步骤地改善近岸海域生态环境质量。同时，积极推行海洋环境污染"终身责任制"，加强监督检查、考核评估和责任追究。

2）加大资金投入

沿海各级政府要把海洋生态环境保护建设纳入财政预算，建立较稳定的资金来源渠道；对项目使用海域征收的海域使用金留成部分，由财政安排一定的比例用于海洋生态环境保护和整治工作；要根据财力，逐步加大对海洋生态环境保护项目建设的资金投入，并积极争取中央资金支持，满足项目实施的需要。同时不断创新机制，拓展资金渠道，鼓励和引导企业和社会投入海洋生态环境保护。制定和完善投融资、税收、进出口等有利于环境保护的优惠政策，引导资金投向环保项目，扩大引进国内外资金的力度和领域。

3）加强科技支撑

积极发挥省内外高校、科研院所等机构在本省海洋自主创新的主力军作用，以海洋科技创新团队、浙江省海洋科学院为载体，加强与浙江大学、自然资源部第二海洋研究所、浙江海洋大学、浙江省海洋水产研究所、浙江省水利河口研究院、宁波海洋开发研究院等大专院校和科研机构的科研合作，推动海洋企业建立技术研发机构。积极开展海洋污染防治控制项目、生态保护项目、海洋生物资源养护和海洋生态环境灾害监测预报预警系统等科技领域的新理论、新技术和新方法的研究和推广，着力推进海洋生态环境保护标准体系建设；开展深度脱氮除磷等水体污染综合治理关键技术研究和示范。加快海洋高新技术产业化建设，积极引导海洋开发企业投资建设经济效益和生态效益均良好的高技术产业项目。

4）强化宣教监督

强化海洋生态环境普法教育和警示教育，开展社区环保活动，增强公众海洋生态环保法治观念、维权意识和可持续发展思维。各级党校、行政学院要开设海洋生态环境教育内容相关课程，重点加强对各级领导干部和企业经营管理人员的宣传教育，提高各级领导干部的海洋生态环境保护意识，协调生态环保与发展的综合决策能力以及涉海行业人员的海洋生态环保意识。规范环境信息发布，建立海洋环境监督网络和举报机制，鼓励公众参与海洋环保行动和环保监督，强化对海洋生态环境保护的新闻宣传和舆论监督力度，建立完善舆论监督和公众监督机制。积极组织开展海洋生态环境保护科技咨询活动，开展形式多样的海洋生态环境保护宣传工作，做好"4·22世界地球日""6·5世界环境日""6·8世界海洋日"等环境保护日的科普宣传活动，提高全民的海洋环境保护意识和参与意识。

8.4 浙江省海洋生态环境保护"十三五"规划研究

8.4.1 总体定位

《规划》突出"问题导向、需求牵引"的原则，重点围绕解决浙江省当前海洋生态环境方面存在的突出问题和贯彻落实国家与省委省政府关于生态文明、生态环境保护等方面的重大决策和相关工作意见等，提出相应的思路、目标、重点任务以及相应的工程项目与保障措施。

目标设置时除了考虑国家和省已经明确的相关指标要求以外，其他目标设置以经过努力能达到为原则，不好高骛远；任务内容上突出重点，不追求面面俱到，以工作实际和国家与省相关工作要求为出发点，考虑一定前瞻性来设置；工程项目充分考虑省海洋领域今后重点工作，具体内容与市县进行了充分对接，力求有依据、内容实、可操作。

8.4.2 主要内容

8.4.2.1 关于发展基础、面临形势与存在问题

发展基础部分主要是对"十二五"海洋生态环保工作的简要回顾：一是海洋生态环境质量总体稳定；二是近岸海域污染防治稳步推进；三是海洋生态保护工作初见成效；四是海洋环境监测水平逐步提升；五是海洋生态环境保护机制探索取得进展。

面临形势主要对海洋生态文明建设和生态环境保护面临的政治、经济、法制、社会等基础及面临的主要挑战进行了简要分析。

突出问题概括为3个：一是海洋生态环境治理任务艰巨；二是海洋生态环境保护制度有待完善；三是海洋生态环境监管能力仍然不足。

8.4.2.2 关于总体思路

指导思想。一条主线：海洋生态环境保护和资源节约利用；一个核心：改善海洋生态环境质量；两大抓手：综合治理和制度能力建设；四个着力：着力推进陆海联动污染防治，着力加强海洋生态保护和修复，着力完善制度机制，着力提升基础保障能力。

基本原则。一是坚持和谐发展，生态优先；二是坚持统筹协调，多措并举；三是坚持点面结合，整体推进；四是坚持改革创新，公众参与。

规划目标。综合考虑浙江省海洋生态环境现状和"十三五"期间变化趋势以及国家与省委省政府相关工作要求，按与海洋生态环境质量改善密切相关和经过努力能达成的定位来设置。

8.4.2.3 关于主要任务

按"问题导向、需求牵引"的原则，以解决存在的突出问题以及贯彻落实国家和省委省政府关于海洋生态文明建设、水污染防治行动、海洋生态红线制度实施、海洋环境污染整治等工作要求为出发点，综合提出了海洋环境整治、海洋生态建设、制度机制完善和基础能力保障 4 项主要任务。

1）推进陆海联动整治，改善海洋生态环境质量

主要考虑解决存在的突出问题，具体包括严控陆源污染物入海、开展水产养殖污染防治、深化船舶污染整治和海洋倾废监管、深入开展"一打三整治"专项行动。

2）开展海洋生态修复，构建海洋生态文明格局

主要定位在海洋生态环境的修复提高上，以提升生态系统服务功能为目标，推进海洋生态整治修复，加强海洋生态建设，形成近岸（海岛、岸线）整治修复、近海海域生态建设各有侧重的生态环境保护修复格局，加快推进海洋生态文明建设。具体包括推进海湾岸线海岛整治修复、加强海洋保护区和海洋牧场建设、推进海洋生态文明示范区建设。

3）完善制度机制建设，夯实海洋环境治理基础

主要是围绕探索建立三大制度，加强海洋生态环境管理软件建设。具体包括完善海洋生态红线制度、探索海洋生态补偿制度和建立健全海洋资源环境承载力预警机制。

4）加强基础保障建设，提升海洋环境监管能力

主要是围绕加强执法能力和监测能力建设为重点，同步推进应急处理能力，形成与海洋生态环境保护工作推进相匹配的管理保障能力。具体包括提升海洋环境执法能力、提高海洋环境监测能力和增强海洋生态环境应急响应能力三个部分。

8.4.2.4 关于重点工程

根据四大主要任务，结合国家和省里的统一部署，并与沿海各地对接，提出六大重点工程。

"蓝色海湾"综合治理工程。具体包括了污染物总量控制示范（象山港）、水产养殖污染防治、加强船舶和港口污染防治及港湾生态环境综合治理。

　　美丽黄金海岸带综合整治工程。重点内容是组织实施海岸带整治修复行动，优化海岸线空间布局和协调管理，建设滨海生态走廊，打造"美丽黄金海岸带"。具体按整治内容分为综合整治修复、景观整治修复和空间资源整理三个部分。

　　海洋生态环境保护与修复工程。重点在于生态建设，包括海洋与渔业保护区建设与管理、渔业资源保护与恢复以及滨海湿地修复与海岛生态整治修复。

　　海洋生态文明建设示范区创建工程。在继续推进国家级海洋生态文明建设示范区建设工作的基础上，大力推进省级海洋生态文明建设示范区创建工作。

　　海洋环境保护制度建设工程。包括了生态保护补偿制度建设、生态红线制度建设两项内容。与重点任务相比，减少了一个资源环境承载力工程，主要是目前这项工作刚刚开始探索，暂不列入工程内容。

　　海洋环境监管能力提升工程。主要包括海洋环境监测能力提升和海洋环境执法能力提升两个方面的内容。

8.4.2.5　关于规划保障措施

　　保障措施从加强组织领导、加大资金投入、加强科技支撑、强化宣教四个方面着手，从软件和硬件两个方面落实。

8.4.2.6　关于重大项目

　　"十三五"规划共有分属六大工程的 17 个重大项目，其中有 14 个项目"十二五"期间已启动，总投资估算为 45.1 亿元。

8.4.3　"十三五"规划指标设定依据

　　"十三五"规划目标的设立是依据"十二五"期间规划完成情况、目前浙江省海域的生态环境现状、"十三五"期间浙江海洋经济发展趋势和对海洋资源环境的要求以及经过"十三五"期间海洋环境保护工作的努力，预期能实现的海洋环境保护目标而设计的，总体与《国家海洋局海洋生态文明建设实施方案》《浙江省海洋经济发展示范区规划》等国家、省战略目标相一致，同时与浙江省实际情况和各沿海市县具体要求相结合，具有实际意义和可操作性。

　　创建海洋生态文明建设示范区数量与相关工作实施方案一致；海洋保护区面积占所辖海域面积比例、岸线整治修复长度和大陆自然岸线保有率指标与《浙江省海洋功能区划（2011－2020 年）》要求相衔接；海岛整治修复个数与发展规划进行衔接；增殖放流水生生物苗种指标与《浙江省水生生物增殖放流"十三五"规划》相衔接；建设海洋牧场指标与省委〔2014〕19 号文件要求相衔接；海洋生态红线区面积控制指标、海岛自然岸线保有率要求与《国家海洋局关于全面建立实施海洋生态红线制度的意见》（国海发〔2016〕4 号）文件要求相衔接。

　　规划既是总结历史，又是设计未来。《浙江省海洋生态环境保护"十三五"规划》在总结"十二五"工作成绩及经验的基础上对"十三五"的海洋环境保护工作做进一步设计，使海洋保护工作全面升级，步入科学发展轨道，为海洋生态环境保护工作引航护驾！

参考文献

蔡先凤, 2012. 浙江海洋经济发展与海洋生态安全保护: 重大挑战与制度创新[J]. 法治研究 (10): 108–116.

蔡燕红, 张海波, 王薇, 2011. 宁波市海洋保护区建设和管理现状及对策研究[J]. 海洋开发与管理, 28 (9): 105–108.

蔡燕红, 张海波, 项有堂, 2005. 海洋特别保护区的建设与管理问题探讨[J]. 海洋管理 (3): 55–57.

陈建华, 2009. 对海洋生态文明建设的思考[J]. 海洋开发与管理, 26 (4): 40–42.

洞头县人民政府, 2013. 洞头县国家级海洋生态文明示范区建设规划[Z].

杜琦, 龙华, 2004. 福建海洋生态环境的主要问题及对策[J]. 福建水产 (4): 46–10.

丰爱平, 刘洋, 2009. 省级海洋功能区划修编的若干思考[J]. 海洋开发与管理, 26 (5): 16–19.

国家海洋局. 2016年全国海洋生态环境保护工作要点[N]. 中国海洋报, 2016–04–26 (03).

傅金龙, 张元和, 2003. 加强浙江省海洋环境保护和生态建设的对策研究[J]. 理论探讨 (10): 15–17.

高瑜, 刘红丹, 王建庆, 等, 2016. 舟山嵊泗县建设海洋生态文明示范区的思考与建议[J]. 环境与可持续发展, 41 (4): 196–198.

黄沛, 丰爱平, 赵锦霞, 2013. 海洋功能区划实施评价方法研究[J]. 海洋开发与管理, 30 (4): 26–29.

金翔龙, 2014. 浙江海洋资源环境与海洋开发[M]. 北京: 海洋出版社.

兰冬东, 马明辉, 梁斌, 等, 2013. 我国海洋生态环境安全面临的形势与对策研究[J]. 海洋开发与管理, 59: 59–63.

蓝锦毅, 2011. 港口建设对广西海洋生态环境影响分析及污染防治对策[J]. 广西科学院学报, 27(2): 149–151.

李锋, 2010. 海洋功能区划实施评价概述[J]. 海洋开发与管理, 27(7): 1–3.

李洁琼, 叶波, 王道儒, 2009. 关于海南省海洋功能区划修编的思考[J]. 海洋开发与管理, 26(5): 31–34.

李晋, 林宁, 徐文, 2009. 市级与省级海洋功能区划空间符合性分析研究[J]. 海洋通报, 28(5): 1–5.

厉丞烜, 张朝晖, 陈力群, 等, 2014. 我国海洋生态环境状况综合分析[J]. 海洋开发与管理, 31 (3): 87–95.

刘存骥, 2015. 海洋保护区生态文明建设浅析[J]. 海洋经济, 5(3): 19–24.

刘兰, 于宜法, 马云瑞, 2013. 生态文明视角下的渤海海洋保护区建设[J]. 东岳论丛, 34(7): 78–82.

刘兰, 2012. 山东省海洋保护区建设探讨[J]. 海洋环境科学, 31(6): 918–922.

刘洋, 丰爱平, 吴桑云, 2009. 海洋功能区划实施评价方法与实证研究[J]. 海洋开发与管理, 26(2): 12–17.

罗新颖, 2015. 加强海洋生态文明建设的若干思考[J]. 发展研究 (4): 77–80.

马凤媛, 2014. 浅论海洋环境保护对我国构建海洋强国战略的重要意义[J]. 法制与社会 (4): 152–154.

马婧, 2008. 海洋保护区的管理及我国海洋保护区可持续发展对策分析[D]. 上海: 上海海洋大学.

宁波市海洋与渔业局, 2015. 2015年宁波市海洋环境公报[Z].

宁波市海洋与渔业局, 2015. 2015年象山港海洋环境公报[Z].

宁波市环境保护局, 宁波市海洋与渔业局, 宁波市发展和改革委员会, 2014. 象山港区域污染综合整治方案[Z].

宁波市人民政府, 台州市人民政府, 2014. 三门湾区域污染综合整治方案[Z].

宁波市人民政府, 2015. 宁波市城市总体规划(2006—2020年)(2015年修订)[Z].

宁波市水利局, 2011. 宁波市滩涂围垦总体规划修编(2011—2030年)[Z].

宁波市国土资源局, 2006. 宁波市土地利用总体规划(2006—2020年)[Z].

宁波市人民政府, 舟山市人民政府, 2016. 宁波–舟山港总体规划(2014—2030年)[Z].

任海波, 朱志海, 毋瑾超, 等, 2016. 盘活存量围填海的海洋生态服务功能价值估算——以杭州湾新区为例[J]. 海洋开发与管理, 33(10): 26–29.

阮成宗, 孔梅, 廖静, 等, 2013. 浙江省海洋生态补偿机制实践中的问题与对策建议[J]. 海洋开发与管理 (3): 89–91.

沈锋, 傅金龙, 周世锋, 2010. 海洋功能区划制度在浙江的实践与思考[J]. 海洋开发与管理, 27 (10): 43–47.

沈军. "一打三整治"——依法行政理念的生动实践[N]. 浙江日报, 2015–03–06.

嵊泗县人民政府, 2015. 嵊泗县国家级海洋生态文明示范区建设规划[Z].

寿鹿, 曾江宁, 2015. 浙江省沿岸生态环境及海湾环境容量[M]. 北京: 海洋出版社.

唐先锋, 2015. "一打三整治"执法依据探究[J]. 浙江万里学院学报, 28 (6): 5–13.

佟羽, 2015. 海洋环境保护的主要思路——对《水污染防治行动计划》的解读[J]. 环境保护科学, 41 (3): 8–11.

王丹, 吴立之, 孙笑妍, 2014. 中国海洋生态环境问题与可持续发展思路[J]. 大连海事大学学报 (社会科学版), 13 (2): 80–83.

王恒, 2015. 国家海洋公园制度建设研究[J]. 国土与自然资源研究 (4): 49–52.

王宏志, 2015. "一打三整治"海洋行政执法问题与对策[J]. 浙江万里学院学报, 28 (6): 1–4.

王江涛, 郭佩, 2011. 海洋功能区划问题及对策探讨[J]. 海洋湖沼通报 (3): 163–167.

王江涛, 2016. "十三五"我国海洋发展形势与政策取向研究[J]. 生态经济, 32 (8): 21–24.

王量迪, 陆素忠, 孙建军, 等. 经国家海洋局批复同意渔山列岛成为我市首个国家级海洋生态保护区[N]. 宁波日报, 2008–08–19 (A01).

王路光, 宋玉, 张国兴, 等. 河北省生态环境状况及"十三五"面临的挑战和机遇[J]. 中国环境管理干部学院学报, 25 (3): 8–12.

王琼, 项有堂, 2006. 渔山列岛资源保护型人工鱼礁建设现状与研究[J]. 海洋开发与管理, 23 (1): 34–36.

翁里, 赵丽红, 2012. 优化浙江海洋特别保护区建设问题初探[J]. 经济研究导刊 (9): 120–122.

毋瑾超, 程杰, 2013. 海洋生态文明示范区架构体系研究[M]. 北京: 海洋出版社.

毋瑾超, 仲崇峻, 程杰, 等, 2013. 海岛生态修复与环境保护[M]. 北京: 海洋出版社.

吴军杰. "一打三整治"的浙江经验[N]. 中国渔业报, 2015–01–07 (02).

吴瑞, 陈丹丹, 刘建波, 等, 2013. 海南省海岸带海洋保护区现状和管理探讨研究[J]. 海洋开发与管理, 30 (7): 79–82.

吴瑞, 王道儒, 2013. 海南省海洋生态与环境保护探析[J]. 海洋开发与管理, 30 (9): 61–65.

吴伟, 2015. 各国海洋保护区建设现状及启示[J]. 福建金融 (5): 40–43.

吴颖. 中共中央、国务院《关于加快推进生态文明建设的意见》提出加强海洋资源科学开发和生态环境保护[N]. 中国海洋报, 2015–05–07 (01).

吴月英, 彭立功, 谢文辉, 2010. 海洋功能区划修编中的认识和体会[J]. 海洋开发与管理, 27 (5): 31–33.

象山县人民政府, 2013. 象山县国家级海洋生态文明示范区建设规划[Z].

谢力群, 2014. 浙江海洋经济发展示范区建设回顾与展望[J]. 浙江经济 (15): 6–8.

徐丛春, 赵鹏, 周怡圃, 等, 2016. "十三五"海洋经济发展若干问题研究[J]. 海洋经济, 6 (1): 3–9.

徐宗军, 张朝晖, 王宗灵, 2010. 山东省海洋特别保护区现状、问题及发展对策[J]. 海洋开发与管理, 27 (5): 17–20.

许望. 公海海洋保护区——海洋保护区发展的新方向[N]. 中国海洋报, 2015–10–19 (03).

许望, 2016. 论海洋保护区的发展及其对中国的影响[J]. 黑龙江省政法管理干部学院学报 (1): 109–111.

杨竞争, 包若绮, 焦海峰, 等, 2016. 浙江渔山列岛国家级海洋特别保护区 (海洋公园) 保护与开发现状及管理策略分析[J]. 海洋开发与管理, 33 (8): 86–88.

叶翠杏, 余扬晖, 陈春华, 2014. 海南省海洋保护区建设探讨[J]. 海洋开发与管理, 31 (3): 107–111.

于莹, 刘大海, 刘芳明, 等, 2015. 美国最新海洋 (海岛) 保护区动态及趋势分析[J]. 海洋开发与管理, 32 (2): 1–4.

俞树彪, 2012. 舟山群岛新区推进海洋生态文明建设的战略思考[J]. 未来与发展 (1): 104–108.

虞依娜, 彭少麟, 侯玉平, 等, 2008. 我国海洋自然保护区面临的主要问题及管理策略[J]. 生态环境, 17 (5): 2112–2116.

玉环县人民政府, 2013. 玉环县国家级海洋生态文明示范区建设规划[Z].

岳奇, 徐伟, 曹东, 等, 2015. 新一轮海洋功能区划实施评价方法及指标体系研究[J]. 海洋开发与管理, 32 (7): 18–22.

曾江宁, 潘建明, 楚进, 等, 2011. 浙江省重点港湾生态环境综合调查报告[M]. 北京: 海洋出版社.

张海生, 2013. 浙江省海洋环境资源基本现状[M]. 北京: 海洋出版社.

赵淇沛, 耿相魁, 2016. 舟山渔场"一打三整治"行动的问题与对策[J]. 农村经济与科技, 27(11): 157–160.

赵晴晴, 2012. 海洋保护区管理系统的分析评价功能研究[D]. 大连: 辽宁师范大学.

浙江省发展和改革委员会, 浙江省海洋与渔业局, 2013. 浙江省海域海岛海岸带整治修复保护规划[Z].

浙江省海洋与渔业局. 2009－2017年浙江省海洋环境公报[Z].

浙江省海洋与渔业局, 2016. 浙江省海洋生态环境保护"十三五"规划[Z].

浙江省海洋与渔业局, 2016. 浙江省海洋综合管理"十三五"规划[Z].

浙江省海洋与渔业局, 2016. 浙江省水生生物增殖放流"十三五"规划[Z].

浙江省环境保护厅, 浙江省海洋与渔业局, 2013. 杭州湾区域污染综合整治方案[Z].

浙江省环境保护厅, 2014. 乐清湾区域污染综合整治方案[Z].

浙江省人民政府, 2016. 浙江省国民经济和社会发展第十三个五年规划纲要[Z].

浙江省人民政府办公厅, 2016. 浙江省参与长江经济带建设实施方案 (2016－2018年) [Z].

"中国海洋工程与科技发展战略研究"海洋环境与生态课题组, 2016. 海洋环境与生态工程发展战略研究[J]. 中国工程科学, 18(2): 41–48.

浙江省发展和改革委员会, 浙江省海洋与渔业局, 2017. 浙江省海洋主体功能区规划[Z].

浙江省海洋与渔业局, 2017. 浙江省海岸线保护与利用规划[Z].

浙江省海洋与渔业局, 2018. 浙江省海岛保护规划[Z].

郑城, 2016. 浙江滩涂围垦中长期发展对策研究[J]. 浙江水利水电学院学报, 28(3): 60–63.

郑苗壮, 刘岩. 保护我国海洋生态环境 推动海洋生态文明建设[N]. 中国海洋报, 2016-04-20(02).

中华人民共和国国民经济和社会发展第十三个五年规划纲要[N]. 人民日报, 2016-03-18.

朱艳, 2009. 我国海洋保护区建设与管理研究[D]. 厦门: 厦门大学.

HUANG N Y, WANG Q, XU W B, et al, 2014. Research on the evaluation of marine function zoning and its practice in China[J]. Marine Science Bulletin, 16 (1): 38–50.